一步一步学电脑

——入门篇

朱仁成　孙爱芳　编著

西安电子科技大学出版社

内 容 简 介

本书是"一步一步学电脑"系列丛书之一，全书从电脑初学者的角度出发，讲解了一个电脑入门者应该具备的基本知识，其中包括基本概念、基本操作和使用技巧等，内容主要包括：电脑的用途与组成、桌面与窗口的基本操作、管理文件的方法、输入法、文件的传输与共享、电脑的个性化设置、应用程序的安装与卸载、系统自带的实用小工具、常见应用程序(ACDSee、WinRAR、千千静听、暴风影音等)的使用、电脑维护与安全、基本的上网常识与操作等。

本书内容翔实，语言通俗流畅，注重实用性与指导性，突出"一步一步学"的特点，读者可以边学边练，在完成实际操作任务的同时掌握相关知识点。

本书适用于从未接触过电脑的人员和刚开始学习电脑的初学者使用，也可以供办公人员、学生、电脑培训学校或家庭作为电脑入门的参考书。

图书在版编目(CIP)数据

一步一步学电脑：入门篇/朱仁成，孙爱芳编著.

—西安：西安电子科技大学出版社，2011.3(2013.7 重印)

ISBN 978–7–5606–2501–0

Ⅰ. ① 一… Ⅱ. ① 朱… ② 孙… Ⅲ. ① 电子计算机—基本知识 Ⅳ. ① TP3

中国版本图书馆 CIP 数据核字(2010)第 212641 号

策　　划　毛红兵

责任编辑　南景　毛红兵

出版发行　西安电子科技大学出版社(西安市太白南路 2 号)

电　　话　(029)88242885　88201467　　　　邮　　编　710071

网　　址　www.xduph.com　　　　　　　　电子邮箱　xdupfxb001@163.com

经　　销　新华书店

印刷单位　陕西华沐印刷科技有限责任公司

版　　次　2011 年 3 月第 1 版　　2013 年 7 月第 3 次印刷

开　　本　787 毫米×960 毫米　1/16　印　张　18.75

字　　数　441 千字

印　　数　17 001～20 000 册

定　　价　28.00 元

ISBN 978-7-5606-2501-0/TP · 1246

XDUP 2793001-3

如有印装问题可调换

本社图书封面为激光防伪覆膜，谨防盗版。

前　言

随着信息技术的飞速发展，电脑不再是一个陌生的名词，也不是一件高不可攀的奢侈品，它已经出现在社会的各个领域，从银行到超市，从学校到工厂，从机关、企业到家庭……处处都有电脑的身影，它为我们的工作、学习和娱乐带来了极大的方便。

从家庭的角度来看，电脑确已成为了必备的"家电"之一，城市家庭中很多家庭都有电脑，而随着经济的发展以及"家电下乡"政策的推行，电脑在农村家庭中开始普及，相信不久的将来，电脑就像电视一样，家家都会拥有。

然而，电脑决不是一件使用简单的"家电"，不像操作电视机那样容易。所以，买了电脑如何使用就成了一个很大的难题。对于没接触或刚接触电脑的朋友，要想随心所欲地使用电脑，则需要一个长期的实践教程。为了使读者能够在较短的时间内掌握电脑的基本使用方法，达到快速上手的目的，我们组织编写了一套非常实用的初级入门丛书《一步一步学电脑》，丛书共有以下五种：

(1)《一步一步学电脑——入门篇》；

(2)《一步一步学电脑——办公篇》；

(3)《一步一步学电脑——上网篇》；

(4)《一步一步学电脑——维护篇》；

(5)《一步一步学电脑——照片处理篇》。

本书从零起步，力求避免晦涩的专业术语，以简练、通俗、易懂的语言讲述电脑的基本使用技术，以图文并茂的形式给出具体操作步骤，简单易学。本书共 11 章，内容安排如下。

第 1 章：如果您对电脑一无所知，这一章让您了解最基础的电脑常识，知道电脑的用途、硬件构成以及相关设备、开机与关机的方法、鼠标与键盘的使用等。

第 2 章：从桌面入手，让您学会操作桌面上的相关元素、开始菜单与任务栏，认识与操作 Windows 窗口，学会使用帮助系统。

第 3 章：通过本章的学习，让您了解什么是输入法，同时熟练掌握一种输入法，为今后的电脑操作(如输入文档、QQ 聊天)等打下基础。

第 4 章：文件的混乱会导致电脑工作效率降低，所以本章将让您学会管理文件的方法，把电脑中的文件管理得井然有序，这也是初学者应该养成的良好习惯。

第 5 章：如果您需要经常在不同的电脑之间传输与使用文件，本章将告诉您一些简单实用的方法。

第 6 章：学习完本章内容，您可以自己来设置或美化自己的电脑，如桌面、屏幕保护程序、屏幕外观、用户帐号等。

第 7 章：向您介绍一些 Windows 自带的实用小程序，学会使用它们可以给我们的日常工作和生活带来很大帮助。

第 8 章：让您了解什么是应用程序、程序的安装与卸载、一些共性的操作等。

第 9 章：向您介绍几款电脑中必装的应用程序，如压缩软件、看图软件、音乐播放器、视频播放器、金山词霸等，让您学会它们的基本使用方法。

第 10 章：向您介绍电脑的一般维护常识、杀毒常识，本章可以帮助您了解电脑安全与维护方面的基本知识。

第 11 章，如果您希望通过电脑上网畅游，本章将告诉您一些网络方面的常识与操作方法，如浏览网页、搜索信息、收发电子邮件、QQ 聊天等。

本书由朱仁成、孙爱芳编著，参加编写的还有何明丽、于岁、朱海燕、梁东伟、谭桂爱、越国强、于进训、孙为钊、葛秀玲等。由于作者水平有限，书中如有不妥之处，欢迎广大读者朋友批评指正。

本书语言简洁、图文并茂，适合于电脑初学者使用，也可以作为家庭用户的必备用书，殷切希望本书能为广大电脑爱好者带来有益的帮助。

作　者

2010 年 7 月

目　录

初识电脑

本 章 要 点

- 电脑是什么

- 看图识电脑

- 第一次使用电脑

- 鼠标的使用

- 键盘的使用

- 怎样学好电脑

随着社会的发展与进步，电脑已经普及到了千家万户，其应用也越来越广泛。掌握电脑的使用技术已经成为我们生活、学习、娱乐的一项基本技能。无论是家庭还是单位，购置电脑以后，如果不能有效地利用它，势必会使它成为一种摆设，造成资源的浪费，所以我们应该掌握电脑的基本使用技能，让它为我们的工作、学习与生活服务。

1.1 电脑是什么

相信绝大多数人对"电脑"这一词汇并不陌生，那么电脑是什么呢？

其实，电脑是对计算机的通俗叫法，由于计算机能够代替人类的某些脑力劳动，而且计算速度神速，所以人们将它称为电脑。

电脑分很多种类，有用于航空航天、军事方面的巨型机，有用于工业控制、气象预测方面的大中型机，也有用于办公或家庭的微型机。我们平时所说的"电脑"，如果没有特别说明的话，通常都是指用于家庭或办公的个人计算机(也称 PC 机)。

1.1.1 电脑的用途

电脑的用途是非常广泛的，它完全渗透到了社会的各个层面，无论是家庭、企业、工厂等，现在都离不开电脑。下面从最贴近人们生活的几个方面对电脑做一简单介绍。

1. 电脑办公

现在几乎所有的企事业单位都在使用电脑工作，例如，学校里的老师使用电脑进行备课，企业员工使用电脑制作报表，政府部门工作人员使用电脑编写文件，银行工作人员使用电脑存储各种信息等。

电脑已经是办公领域中不可缺少的工具，它可以实现文件编写、数据管理、即时通信、文件共享等多方面的工作，大大提高了工作效率与工作质量。如图 1-1 所示，分别是使用电脑制作公司的文件与学校的教学课件。

图 1-1　使用电脑制作文件与教学课件

2. 帮助学习

电脑是一个重要的学习工具，它可以帮助我们学习，无论是在家里还是学校，都可以利用电脑进行教学与学习。例如，在学校里我们可以利用电脑进行多媒体辅助教学，让课堂更加生动有趣；在家里可以利用电脑学习各种知识，通过网络进行远程教学、阅读电子书、参与讨论组等。电脑为学习带来了极大的方便，图 1-2 所示分别是电子书与英语教学软件。

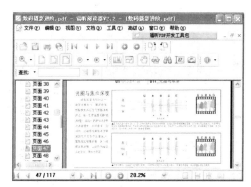

图 1-2　使用电脑看电子书与学英语

3. 自我娱乐

工作之余，利用电脑提供的娱乐功能放松自己，也是一个非常不错的选择。电脑提供的娱乐功能非常多，例如播放一段轻松舒缓的音乐、看一场喜剧电影片断、玩电脑游戏等，都可以让大家找到无限的乐趣。图 1-3 所示分别是使用电脑播放音乐与玩红心大战游戏。

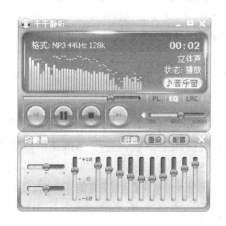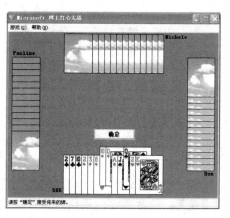

图 1-3　使用电脑听音乐与玩游戏

4．上网冲浪

拥有一台电脑以后，再通过宽带连接就可以上网了。所谓上网，就是通过网卡(或Modem)等硬件设备将自己的电脑与 Internet 连接，从而实现网上冲浪、资源共享或实时通信等。上网是现代生活的一种潮流，中国的网民人数已经超过 3 亿。

当电脑接入 Internet 之后，就可以随时在网上浏览新闻、查阅资料、下载文件、远程通信、收发电子邮件、聊天等，还可以在网上开店、网上购物等。图 1-4 所示就是 QQ 聊天界面与网页浏览界面。

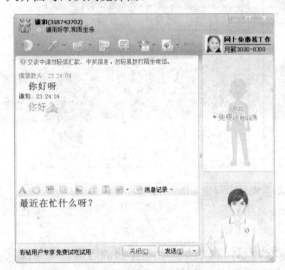

图 1-4　使用电脑聊天与浏览网页

重点提示　电脑是一种用于学习或工作的工具，一定要正确认识与使用，上网可以让我们获得很多的知识，但是网络是开放的，所以要注意甄别，同时也要注意避免产生网瘾。

5．辅助设计

使用电脑可以进行辅助设计，既包括专业的工程设计、广告设计、机械设计等，也包括自娱自乐的设计。例如，使用 AutoCAD 绘制机械加工图纸、使用 AfterEffect 制作电视片头、使用 CorelDRAW 设计企业标识等，这些都属于专业设计。实际上，自娱自乐的设计更贴近我们的生活，例如，把自己的数码照片美化一下，把平常拍的 DV 剪接起来，使其更有故事性等，这都需要使用电脑进行辅助设计。图 1-5 所示分别是使用电脑进行机械设计与照片处理。

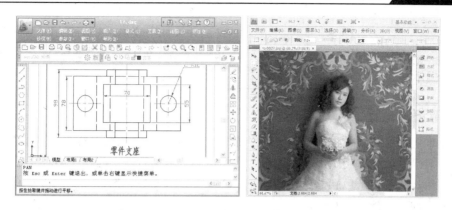

图 1-5　使用电脑进行机械设计与照片处理

　　电脑的应用非常广泛，我们只是从生活的角度进行了简单的介绍。实际上，电脑已经在工业、农业、教育、经济、国防、天文、地理、科技、管理等多个领域中得到了极其广泛的应用，帮助人类实现了一些无法由人工直接完成的工作。

1.1.2　电脑的分类

　　分类的标准不同，电脑的分类也就不同。这里并不是严格意义上的分类，而是根据个人电脑的表现形式进行的简单划分，目的是让初学者对电脑有进一步的了解。

1. 台式电脑

　　台式电脑是我们最常见的电脑，从外观上来说，它分为主机与显示器两大部分。它的优点是机箱空间大，通风条件好，硬件兼容性强，操作方便。从操作系统而言，台式电脑还分为 PC 机与苹果机，它们使用的操作系统不一样，针对的用户群也不一样，苹果机更专业一些，但普及性不如 PC 机。图 1-6 所示分别为台式 PC 机与苹果机。

图 1-6　台式 PC 机(左)与苹果机(右)

重点提示　　近些年来，很多生产 PC 机的厂商开始生产一体机，即机箱与显示器合成为一体，这是一个未来的发展趋势，但是，目前的一体机在散热、稳定性、升级与维修方面还有待进一步提升。

2. 笔记本电脑

笔记本电脑又称为"手提电脑"或"膝上型电脑"，也有人将其称为"本本"。它是一种小型、可携带的个人电脑，它将主机、显示器和键盘组合在一起，使用时展开，不使用时折叠起来。它与台式电脑的主要区别在于体积小、重量轻、携带方便，超轻超薄是其主要的发展方向，如图 1-7 所示。

3. 掌上电脑

掌上电脑也叫"手持式计算机"或"个人数字助理(PDA)"，是由电池供电的计算机，它的尺寸很小，携带非常方便，但是功能不如台式电脑或笔记本电脑强大，它主要用于视听学习、工作日程安排、存储地址和电话号码、上网、打电话以及玩游戏、看电影、听音乐等等。掌上电脑一般通过触摸屏进行操作，如图 1-8 所示。

图 1-7　笔记本电脑

图 1-8　掌上电脑

📖 1.2　看图识电脑

电脑系统包括硬件系统和软件系统两大部分。硬件是电脑的物质基础，没有硬件就不可能构成电脑，它是一些看得见、摸得着的高科技电子元件。下面我们通过图片来认识电脑的一些基本部件。

1.2.1　主机部件

主机是指由多种电脑部件组成的一个有机整体，从外观上看，它就是一个机箱，但是内部有主板、CPU、硬盘、内存等多种电脑部件。

1．机箱与电源

机箱是电脑的载体，几乎所有的配件都要安装在机箱内，它的作用相当于"盒子"，起盛放的作用。电源是电脑的供电设备，它的作用是将 220 V 交流电转换为可供电脑使用的直流电，其性能的好坏将直接影响到电脑的稳定性。图 1-9 所示为机箱与电源的实物图片。

2．主板

主板是电脑中各个部件工作的一个平台，它把电脑的各个部件紧密连接在一起，各个部件通过主板进行数据传输。它的作用相当于"公路"，起到交通枢纽的作用，近年来，主板上还集成了声卡等，一般不需要单独购买声卡。图 1-10 所示为主板实物图片。

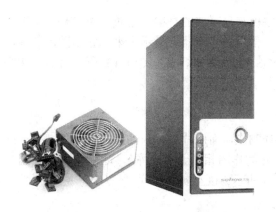

图 1-9　机箱与电源

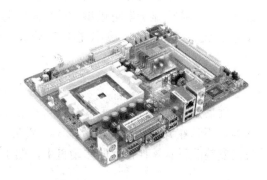

图 1-10　主板

3．CPU

CPU 是 Central Precessing Unit 的简称，即中央处理器，它相当于人类的"大脑"，是电脑的最高指挥系统，其功能是执行逻辑运算、数据处理、输入/输出控制、协调完成各种操作等。CPU 的运算速度用主时钟频率(简称主频)来表示，例如：PⅢ 800 表示其主频是 800 MHz；PⅣ 3.0G 表示其主频是 3.0 GHz。在其他条件相同的情况下，CPU 主频越高，电脑的运算速度就越快。所以大多数用户以 CPU 为标准来判断电脑的档次。图 1-11 所示是 CPU 的实物图片。

4．内存

电脑处理数据时，必须先将数据载入内存，然后再由 CPU 进行处理。因此，可以把内存比喻为缓冲区。图 1-12 所示为内存实物图片，它需要插在主板的内存插槽上。内存越大，电脑运行起来就越顺畅。

图 1-11　CPU(中央处理器)

图 1-12　内存

5．显卡

显卡插在主板的显卡插槽上，它是连接主板与显示器的桥梁，它负责将 CPU 送来的数字信号转换成显示器可以识别的模拟信号，传送到显示器上显示出来。它由图形芯片、显存、AGP 接口、视频编码芯片、显卡 BIOS 等几部分组成。图 1-13 所示为显卡实物图片。

6．硬盘

硬盘是存储数据的主要载体，由金属磁片制成，而磁片有记录功能，存储到硬盘中的数据，不论在开机还是关机时都不会丢失。它的作用相当于"仓库"，起到存储的作用，我们安装的所有软件都存储在硬盘上，图 1-14 所示为硬盘实物图片。

图 1-13　显卡

图 1-14　硬盘

1.2.2　输入/输出设备

　　输入/输出设备是电脑接受指令和数据、输出处理结果的设备，其中，一台电脑必备的输入/输出设备是鼠标和键盘以及显示器。

1．鼠标和键盘

　　鼠标和键盘是最基本的输入设备。鼠标用来下达命令，实现交互；键盘用于输入文字、数字和符号等信息，也可以实现交互。图 1-15 所示为鼠标与键盘实物图片。

2．显示器

　　显示器是电脑中最重要的输出设备之一，通过它可以很方便地查看输入电脑的程序、数据和图形等信息，以及经过电脑处理后的数据，它是人机对话的主要工具。图 1-16 所示为显示器实物图片。

图 1-15　鼠标与键盘

图 1-16　显示器

1.2.3　与电脑相关的设备

　　前面介绍的是保证电脑正常运行的基本部件，实际上与电脑相关的设备很多，这里再介绍几种工作或生活中常见的电脑设备。

1．DVD 光驱

　　DVD 光驱是组装电脑时的可选设备，没有它电脑照常运转。但是如果要播放 CD 或 DVD 光盘，必须安装 DVD 光驱；如果要刻录数据，则要安装可读写 DVD 光驱。它的作用就是用来"读写光盘"的，图 1-17 所示为 DVD 光驱的实物图片。

2．音箱

　　音箱是将电脑中的声音信息放大并输出的设备，如果不做专业工作，选购一对普通的音箱即可满足家庭娱乐、学习之用。图 1-18 所示为音箱实物图片。

图 1-17　DVD 光驱　　　　　　　　　　　　　图 1-18　音箱

3．打印机

打印机是输出设备，用于将计算机处理的结果打印在相关介质上，最常用的纸张规格是 A4 与 B5。打印机分为喷墨打印机和激光打印机，喷墨打印机价格低，但墨盒较贵；激光打印机价格较高，但打印速度快、精度高。图 1-19 所示为打印机的实物图片。

4．扫描仪

扫描仪是输入设备，它可以将图像捕获到计算机中，利用它可以扫描照片、图纸、美术图画、照相底片等。另外，结合 OCR 软件，扫描仪还可以将文字图像转换成纯粹的文本。图 1-20 所示为扫描仪的实物图片。

图 1-19　打印机　　　　　　　　　　　　　图 1-20　扫描仪

5．耳麦和摄像头

耳麦和摄像头是随着网络技术的发展而产生的，使用它们上网时可以进行网络语音聊天、视频聊天等，还可用于视频会议、远程医疗等。图 1-21 所示为耳麦和摄像头的实物图片。

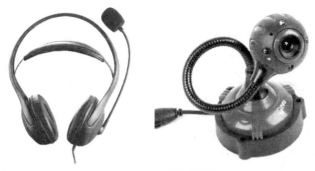

图 1-21　耳麦和摄像头

1.3　第一次使用电脑

如果您从来没有接触过电脑，一定要认真学习这部分内容，掌握正确的开、关机顺序，避免因操作错误而导致电脑故障。下面介绍第一次使用电脑的正确方法。

1.3.1　正确开机

"开机"就是启动电脑的通俗说法，在确保电脑接通电源以后，按照如下的顺序进行开机操作：

步骤 1：按下显示器开关，然后再按下主机电源开关，如图 1-22 所示。

步骤 2：开机后，系统进入自检界面，如图 1-23 所示。

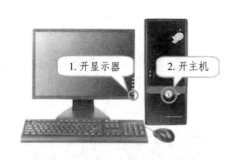

图 1-22　开显示器和主机电源

图 1-23　自检界面

步骤 3：自检完成后，系统进入了 Windows XP 启动界面，如图 1-24 所示。

步骤 4：启动界面过后便进入 Windows 桌面，即完成电脑的启动，如图 1-25 所示。

图 1-24　启动界面　　　　　　　　图 1-25　Windows 桌面

1.3.2　正确关机

使用完电脑以后必须关机，一是减少耗电量，二是避免长期通电影响电脑硬件的寿命。电脑的关机不像一些常用家电，不能直接断开电源，这样会导致一些文件损失。正确的关机顺序是先关主机，再关其他外围设备，与开机顺序恰好相反。具体操作过程如下：

步骤 1：首先关闭所有的程序窗口，返回到 Windows 桌面。

步骤 2：单击 开始 按钮，在打开的【开始】菜单中单击 关闭计算机(U) 按钮，如图 1-26 所示。

步骤 3：在弹出的【关闭计算机】对话框中单击"关闭"按钮，如图 1-27 所示。这样就可以安全地关机了。

步骤 4：关闭显示器开关，关闭其他外围设备。

步骤 5：切断电源。

图 1-26　关闭计算机的操作　　　　图 1-27　【关闭计算机】对话框

在日常教学中，经常会发现一些学生关机时按下显示器开关就以为完成了关机任务，这实际上只是关闭了显示器，而电脑的主机还处于打开状态。另外，关机后一定要切断电源。

📖 1.4 鼠标的使用

鼠标是电脑必备的输入设备，主要用于 Windows 环境中，通过鼠标可以对电脑下达各种命令，因此要学会正确使用鼠标，让它更好地为我们服务。

1.4.1 怎样握鼠标

市场上的鼠标外形各有不同，但是一般都有左、右两个键和中间的一个滚轮，这种鼠标称为三键鼠标(这是针对以前的两键鼠标而言的)。选择鼠标时一定要选择适合自己的，鼠标太小或太大都会导致手指太累。

正确握鼠标的方法：右手掌跟置于桌面，拇指放在鼠标的左侧，无名指和小指放在鼠标的右侧，轻轻夹持住鼠标，食指和中指分别放在鼠标左、右两个按键上，如图 1-28 所示。移动鼠标时，一般手掌跟不动，靠腕力轻移鼠标。

图 1-28　正确握鼠标的姿势

1.4.2 鼠标的基本操作

鼠标用于控制电脑屏幕上的鼠标指针，用于人机交互操作。鼠标的基本操作有指向、拖动、单击、双击、右击和滚动。下面分别介绍这些基本操作。

1. 指向

指向是指不对鼠标的左、右键作任何操作，只移动鼠标的位置，这时可以看到光标在屏幕上移动。指向主要用于寻找或接近操作对象。

2. 拖动

拖动是指将光标指向某个对象以后，按下鼠标左键不放，然后拖动鼠标，将该对象移动到另一个位置，然后再释放鼠标左键。拖动主要用于移动对象的位置以及选择多个对象等操作。

3. 单击

单击是指快速地按下并释放鼠标左键。如果不做特殊说明，单击就是指按下鼠标的左键。单击是最为常用的操作方法，主要用于选择一个文件、执行一个命令和按下一个工具按钮等。

4. 双击

双击是指连续两次快速地按下并释放鼠标左键。注意，双击的间隔不要过长，如果双击鼠标的间隔过长，则系统会认为是两次单击，这是两种截然不同的操作。双击主要用于打开一个窗口、启动一个软件或者打开一个文件。

5. 右击

右击(也叫单击右键或右单击)是指快速地按下并释放鼠标右键。在 Windows 操作系统中，右击的主要作用是打开快捷菜单，执行其中的相关命令。

在任何时候右击鼠标都将弹出一个快捷菜单，该菜单中的命令会随着工作环境、右击位置的不同而发生变化。

6. 滚动

鼠标中间的滚轮主要用于上下翻页，可以使用食指或中指上下滚动滚轮。

1.4.3　鼠标指针的含义

鼠标指针也称为光标，是指鼠标在屏幕上的显示对象，鼠标指针的形状有多种，不同形状的鼠标指针其含义也不同，如表 1-1 所示。

表 1-1　鼠标指针的含义

鼠标指针形状	含　义
↖	正常选择，可以用来选择命令、单击按钮
↖?	帮助信息的选择
↖⧗	表示后台正在运行，处于忙碌状态
⧗	表示系统正在工作，不能使用鼠标
＋	精确选择，多用于绘图时进行定位
Ｉ	文字选择
╲	手写
↔	可以调整水平大小

续表

鼠标指针形状	含　义
⊘	不可用
↕	可以调整垂直大小
✛	可以移动所选择的对象
↖	可以调整对角线 1
↗	可以调整对角线 2
👆	链接选择

1.5 键盘的使用

　　键盘是电脑的主要输入设备之一，是用户与计算机进行人机交互的重要途径，作为电脑的重要组成部分，键盘的操作显得尤为重要。使用键盘前先要对键盘的组成做到心中有数，这样操作起来才能得心应手。

1.5.1 键盘的按键组成

　　常见的电脑键盘有 101 键、102 键和 104 键之分，但是各种键盘的键位分布是大同小异的。按照键的排列可以将键盘分为三个区域：字符键区、功能键区、数字键区(也称数字小键盘)。图 1-29 所示为键盘结构示意图。

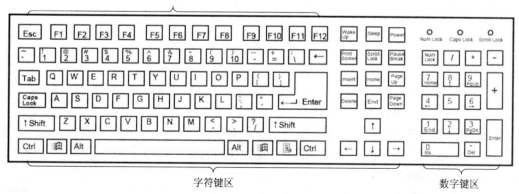

图 1-29 键盘结构示意图

(1) 字符键区：由于键盘的前身是英文打字机，键盘排列方式已经标准化，因此，电脑的键盘最初就全盘采用了英文打字机的键位排列方式。该功能区主要用于输入字符或数据信息。

(2) 功能键区：在键盘的最上一排，主要包括 F1～F12 这 12 个功能键，用户可以根据自己的需要来定义它们的功能，以减少重复击键的次数。

(3) 数字键区：又称小键盘区，安排在整个键盘的右部。它原来是为专门从事数字录入的工作人员提供方便的。

电脑键盘中几种常用键位的功能如下：

❧ Enter 键：回车键，将数据或命令送入电脑时即按此键。

❧ Space 键：空格键，用于输入空格。它是键盘中最长的键，由于使用频繁，所以它的形状和位置左右手都很容易控制。

❧ BackSpace 键：退格键，有的键盘也用 "←" 表示。按下它可使光标后退一格，删除当前光标左侧的一个字符。

❧ Shift 键：上档键。由于整个键盘上有 30 个双字符键(即每个键面上标有两个字符)，并且英文字母还分大小写，因此通过该键可以转换。

❧ Ctrl 键：控制键。该键一般不单独使用，通常和其他键组合使用，例如 Ctrl+S 表示保存。

❧ Esc 键：退出键，用于退出当前操作。

❧ Alt 键：换档键，与其他键组合成特殊功能键。

❧ Tab 键：制表定位键。一般按下此键可使光标移动 8 个字符的距离。

❧ 光标移动键：用箭头 ↑、↓、←、→ 分别表示上、下、左、右移动光标。

❧ 屏幕翻页键：PgUp(PageUp)向上翻一页；PgDn(PageDown)向下翻一页。

❧ Print Screen 键：打印屏幕键，用于把当前屏幕显示的内容复制到剪贴板中或打印出来。

1.5.2 正确姿势

随着电脑的普及，使用电脑的人越来越多，但由于姿势不正确，导致了一系列的"电脑病"——颈椎、腰椎、手腕及手指、眼睛等都出现了问题。因此，操作键盘时保持正确的姿势是非常必要的，这样不但可以保护我们的身体，也可以大大提高工作效率。

操作键盘时，要选择合适高度的座椅，不能太高，也不能太低，要保持双脚平踏地面，如图 1-30 所示。

图 1-30 正确的姿势

坐下后要保持头正、颈直、身体挺直，眼睛要平视屏幕，保持 45 厘米以上的距离。

双肩自然下垂，两肘与身体保持 5～10 厘米距离，两肘关节接近垂直弯曲，双手敲打键盘时手腕与键盘下方保持约 1 厘米距离。

重点提示　电脑坐姿歌：身子要正肩要平，两手自然成勺子型，键盘盲点来定位，食指带头排好队，拇指轻抚空格键，两眼平视向前看。

1.5.3　手指分工

键盘中的 F 和 J 键上各有一个突起的小横条，这两键称为"基键"，也就是盲打时的基点。操作键盘时，左手的食指放在 F 键上，中指、无名指和小指依次向左排列，分别放在 D、S、A 键上；右手的食指放在 J 键上，中指、无名指和小指依次向右排列，分别放在 K、L、; 键上；双手的拇指分别放在空格键上，如图 1-31 所示。

图 1-31　手的姿势与分工

明确了手指的放置位置后，还要了解十个手指的分工区域，如图 1-32 所示。

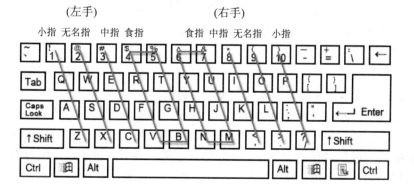

图 1-32　十指的分工区域

1.5.4 正确的击键方法

使用键盘的关键是正确的指法，掌握了正确的指法，养成了良好的习惯，才能真正提高键盘输入速度，成为人人羡慕的盲打高手，即眼睛不看键盘，手指快速、准确地在键盘上"飞舞"，根本不需要去思考哪个手指应该按下哪个键。当然，要成为盲打高手，需要平时多练习，短时间的练习是达不到这个境界的。

正确的击键方法如下：

第一，十指要分工明确，各负其责。双手各指严格按照明确的分工轻放在键盘上，大拇指自然弯曲放于空格键处，用大拇指击空格键。

第二，平时手指稍弯曲拱起，手指稍斜垂直放在键盘上。指尖后的第一关节微成弧形，轻放键位中央。

第三，要轻击键而不是按键。击键要短促、轻快、有弹性、节奏均匀。任一手指击键后，只要时间允许都应返回基本键位，不可停留在已击键位上。

第四，用拇指侧面击空格键，右手小指击回车键。

📖 1.6   怎样学好电脑

随着科技的进步，我们跨入了以电脑为主要学习、工作、生活手段的信息时代。掌握电脑的应用技术已经是每个人的基本素质，也是今后谋生的一项技能。那么，如何才能学好电脑呢？也许这个问题没有标准答案，但是在这里我们将给出一些建议与经验，与大家分享，希望能给大家带来一些思考。

第一，培养兴趣与爱好。兴趣是最好的老师，有兴趣才有渴求，有渴求才有主动积极性。学习电脑同样需要兴趣与爱好，它是内在的动力，是学习的根本。

第二，强调动手操作。学习电脑不要怕把电脑搞坏，一定要多动手，多练习，碰到问题，解决问题，这样积累的知识更扎实，经验也更丰富。从另一个角度来说，熟能生巧，只有多练习才能驾轻就熟。比如电脑打字，即使学会了输入法，如果不多加练习，速度也永远不会提高。所以说，学习电脑不动手是学不会的。

第三，要肯于钻研，有困难自己解决。光动手不动脑同样学不会电脑，对于初学者来说，在使用电脑的过程中经常会遇到各种困难，不要轻易就去问别人，要尽量自己解决，这样就会在解决问题的过程当中学会很多东西。思考、看书、讨论、交流等都是有益的，千万不要遇到问题让别人帮助解决而自己却不从中积累经验。

第四，对于学习途径而言，可以参加培训班、阅读教程、上网学习，方法是多种多样的，但是关键要坚持，一步一个脚印地学习，不能浅尝辄止，也不能好高骛远。

Windows XP 基本操作

本章要点

- 认识桌面
- 桌面图标的管理
- 【开始】菜单与任务栏
- 操作 Windows 窗口
- 认识菜单和对话框
- 使用 Windows 的帮助功能

一台电脑必须安装操作系统后才能正常工作，其他的程序软件必须在操作系统的支持下才能运行。形象地说，操作系统就是电脑家族的"大管家"，它指挥调度着所有硬件、软件、应用程序协调高效地工作。Windows XP 是美国微软公司开发的一款视窗操作系统。Windows 中文意思是"窗口"的意思，XP 是它的版本号，Windows XP 是一款非常优秀的操作系统。

2.1 认识桌面

启动电脑以后，我们所看到的整个屏幕界面就称为"Windows 桌面"，它有一个非常漂亮的背景与很多小图标，最下方还有一个矩形条。实际上，它们都有自己特有的名称，如图 2-1 所示。

桌面背景

桌面图标

"开始"按钮

任务栏

图 2-1　桌面及组成部分

重点提示　　桌面是人与电脑进行"人机对话"的窗口，它用于放置和组织各种重要的工具，并且以图标的形式显示。每个人的电脑桌面可能是不一样的，因为安装的应用程序不一样，图标就不一样，并且桌面背景也可以更换。

1. 桌面背景

桌面背景是指衬托在桌面图标下方的图片，它可以随意更换与设置。默认情况下，启动电脑以后，桌面背景是 Windows XP 操作系统内置的一张经典的"蓝天白云"图片，它代表了 Windows XP 的面孔，非常清新自然。

2. 桌面图标

桌面图标实际上是一个用于启动应用程序或管理窗口的小标记，图标的外观代表了它的身份，非常直观，双击它可以直接打开它所对应的程序、窗口、文档等。

仔细观察桌面图标，会发现所有的图标分为两类：一类图标的左下角有一个小箭头符号，这种图标称为快捷方式图标；另一类图标的左下角没有小箭头，这种图标称为系统图标，如图 2-2 所示。

系统图标是操作系统内置的，安装了 Windows XP 操作系统以后就有的，主要是"我的电脑"、"回收站"、"网上邻居"、"我的文档"和"Internet Explorer"等。每台电脑都有这五个图标。快捷方式图标

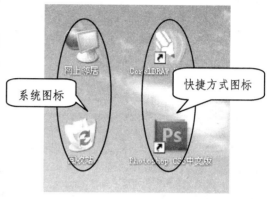

图 2-2　两种不同的图标

往往是在安装软件的过程中产生的，每台电脑安装的应用软件不同，快捷方式图标也不同。

3. "开始"按钮

桌面左下角的按钮称为"开始"按钮，单击它将弹出一个菜单，这个菜单称为【开始】菜单。它是我们执行任务的一个标准入口，也是一条重要通道，通过它可以打开文档、启动应用程序、关闭计算机、搜索文件等等。

4. 任务栏

桌面最下方的矩形条称为"任务栏"，它主要用于显示正在运行的应用程序与打开的窗口，从左到右分别是快速启动栏、主体部分与系统区域等。

2.2　桌面图标的管理

桌面上的图标并不是固定不变的，可以进行添加、删除、设置大图标显示等，所以，当看到别人的电脑桌面与自己的电脑不同时，完全不必惊讶，有很多内容是可以自己设置的。

2.2.1　系统图标的显示与隐藏

我们可以根据自己的喜好控制桌面系统图标(我的电脑、我的文档、网上邻居等)的显

示与隐藏，具体方法如下：

步骤 1：在桌面的空白位置上单击鼠标右键，在弹出的快捷菜单中选择【属性】命令，如图 2-3 所示。

步骤 2：在弹出的【显示属性】对话框中单击【桌面】选项卡，然后再单击 自定义桌面(D)... 按钮，如图 2-4 所示。

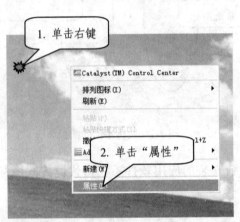

图 2-3　选择【属性】命令

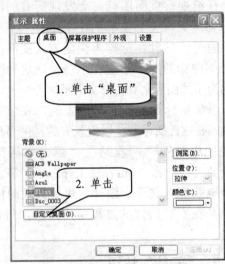

图 2-4　【显示属性】对话框

步骤 3：在弹出的【桌面项目】对话框中勾选或取消勾选各复选框，然后单击 确定 按钮，如图 2-5 所示。

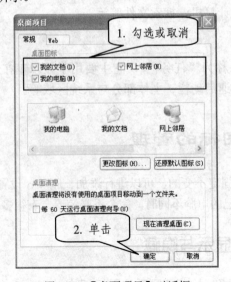

图 2-5　【桌面项目】对话框

重点提示

图标的外观也可以更改，在【桌面项目】对话框的列表中选择一个系统图标，单击 更改图标(M)... 按钮，便可以在弹出的对话框中更改默认的系统图标样式，而单击 还原默认图标(S) 按钮又可以恢复到默认图标状态。这里不建议初学者更改这些设置。

如果勾选了复选框，则桌面上将显示相应的图标；如果取消了复选框的勾选，则桌面上将不显示该图标。

2.2.2 创建快捷方式

在安装软件之后，系统往往会自动生成该软件的快捷方式图标。用户也可以自己创建应用程序的快捷方式，以便于快速启动应用程序。创建了应用程序的快捷方式之后，在桌面上就会出现相应的快捷方式图标。

步骤 1：在桌面的空白位置处单击鼠标右键，在弹出的快捷菜单中选择【新建】命令，然后在其子菜单中选择【快捷方式】命令，如图 2-6 所示。

步骤 2：在弹出的【创建快捷方式】对话框中单击 浏览(R)... 按钮，查找要创建快捷方式的应用程序，如图 2-7 所示。

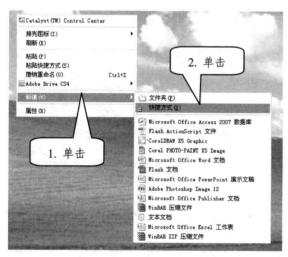

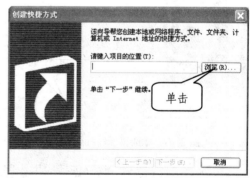

图 2-6　选择【快捷方式】命令　　　　图 2-7　【创建快捷方式】对话框(1)

步骤 3：在弹出的【浏览文件夹】对话框中选择要创建快捷方式的应用程序，例如选择"Photoshop.exe"，然后单击 确定 按钮，如图 2-8 所示。

步骤 4：返回【创建快捷方式】对话框，然后单击 下一步(N) > 按钮，如图 2-9 所示。

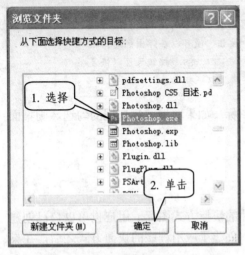
图 2-8　选择应用程序

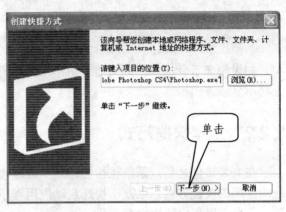
图 2-9　【创建快捷方式】对话框(2)

步骤 5：在弹出的【选择程序标题】对话框中输入快捷方式的名称，然后单击
完成 按钮，如图 2-10 所示。系统返回桌面，这时在桌面上就可以看到刚才创建的快
捷方式图标，如图 2-11 所示。

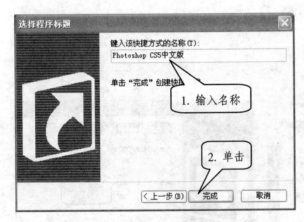
图 2-10　【选择程序标题】对话框

图 2-11　新创建的快捷方式图标

实际上，任何一个对象(包括应用程序、文档、文件夹等)都可以创建快捷方式，下面
介绍另一种简单易用的创建快捷方式的方法，具体操作如下：

步骤 1：在要创建快捷方式的图标上单击鼠标右键，在弹出的快捷菜单中选择【发送
到】命令。

步骤 2：在【发送到】命令的子菜单中选择【桌面快捷方式】命令，如图 2-12 所示。

这样就可以在桌面上看到该对象的快捷方式图标了，如图 2-13 所示。

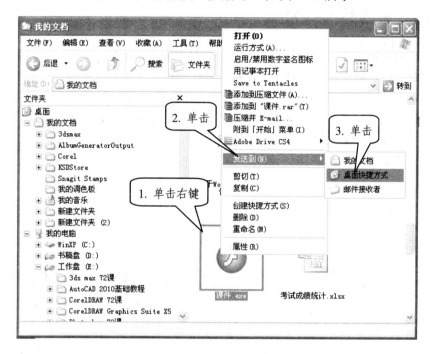

图 2-12　创建快捷方式图标

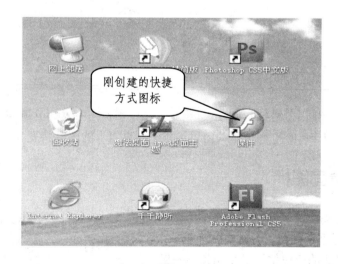

图 2-13　刚创建的快捷方式图标

2.2.3 改变桌面图标的大小

桌面图标的大小是可以改变的。特别是对老年人来说，如果图标过小，操作起来不是很方便，这时可以将桌面图标设置为大图标，具体操作方法如下：

步骤 1：在桌面的空白位置上单击鼠标右键，在弹出的快捷菜单中选择【属性】命令，然后在弹出的【显示属性】对话框中单击【外观】选项卡，如图 2-14 所示。

步骤 2：在【外观】选项卡中单击 效果(E)... 按钮，然后在弹出的【效果】对话框中选择【使用大图标】选项，如图 2-15 所示。

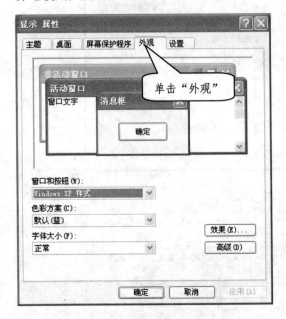

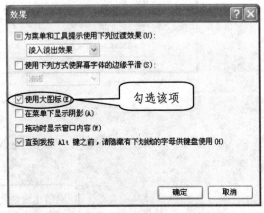

图 2-14　切换到【外观】选项卡　　　图 2-15　选择【使用大图标】选项

步骤 3：依次单击 确定 按钮关闭对话框，则桌面上的图标将变为大图标显示。

2.2.4 排列桌面图标

当桌面上的图标太多，或者我们对图标移动过位置时，往往会产生凌乱的感觉，这时我们就要对它进行重新排列，方法非常简单。

步骤 1：在桌面的空白位置处单击鼠标右键。

步骤 2：在弹出的快捷菜单中选择【排列图标】命令，这时会弹出下一级子菜单。

步骤 3：在子菜单中选择【类型】命令，即可按照图标类型重新排列图标，如图 2-16 所示。

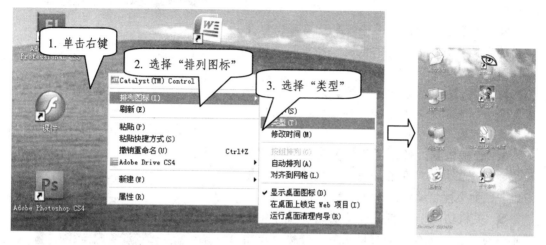

图 2-16　排列图标示意图

重点提示　　　在排列桌面图标时，系统提供了 4 种排列方式，分别是"名称"、"大小"、"类型"和"修改时间"。用户可以根据需要选择排列方式，另外，也可以选择【自动排列】命令，让系统自动排列图标。

2.3　【开始】菜单与任务栏

在桌面的最底部有一个蓝色的矩形条，分为两大部分：左侧是一个"开始"按钮，单击它可以打开【开始】菜单；右侧部分为任务栏。下面我们介绍这两部分的具体使用方法。

2.3.1　【开始】菜单

在桌面的左下角单击"开始"按钮 ，将弹出一个菜单，这个菜单称为【开始】菜单，如图 2-17 所示。通过它可以打开文档、启动应用程序、关闭计算机、搜索文件等等。

➥ **启动程序**：通过【开始】菜单中的【所有程序】命令，可以启动安装在电脑中的所有应用程序。

➥ **打开窗口**：通过【开始】菜单可以打开常用的工作窗口，如"我的电脑"、"我的文档"和"图片收藏"等。

➥ **搜索功能**：通过【开始】菜单中的【搜索】命令，可以对电脑中的文件、文件夹或应用程序进行搜索。

➥ **管理电脑**：通过【开始】菜单中的控制面板、管理工具、实用程序可以对电脑进行设置与维护，如个性化设置、备份、整理碎片等。

➥ **关机功能**：电脑关机必须通过【开始】菜单进行操作，另外，还可以重启、待机、注销用户等。

图 2-17 【开始】菜单

➥ **帮助信息**：通过【开始】菜单可以获取相关的帮助信息。

重点提示 ｜ Windows XP 的【开始】菜单分为左右两列，默认情况下，左侧一列显示两个上网工具(Internet Explorer 与 Outlook Express)与最近操作过的 4 种应用程序。这些内容可以进行个性化设置。

2.3.2 设置【开始】菜单

对于【开始】菜单的外观，我们可以进行一系列的设置，让它更符合我们的喜好，或者更有个性。

1. 设置【开始】菜单的图标

在【开始】菜单中有很多图标，图标的大小可以进行更改。下面介绍更改【开始】菜单图标大小的具体操作步骤。

步骤 1：在桌面的"开始"按钮上单击鼠标右键，在弹出的快捷菜单中选择【属性】命令，如图 2-18 所示。

步骤 2：在弹出的【任务栏和「开始」菜单属性】对话框中单击【「开始」菜单】选项卡，然后单击「开始」菜单右侧的 自定义(C)... 按钮，如图 2-19 所示。

步骤 3：在弹出的【自定义「开始」菜单】对话框中切换到【常规】选项卡，然后选择【小图标】选项，如图 2-20 所示。

步骤 4：依次单击 确定 按钮返回桌面。单击"开始"按钮，可以看到【开始】菜单中的图标变成了小图标，如图 2-21 所示。

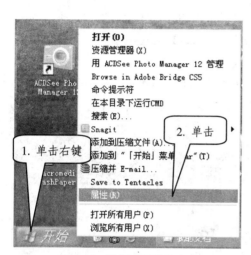

图 2-18　选择【属性】命令

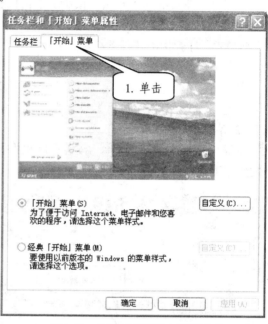

图 2-19　切换到「开始」菜单选项

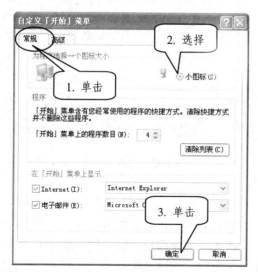

图 2-20　选择小图标

图 2-21　小图标效果

2. 设置【开始】菜单中应用程序的数目

默认状态下，【开始】菜单中只显示最近操作过的 4 种应用程序，上方还有两个上网工具。下面我们取消上方的两个上网工具，并显示 5 种应用程序，具体操作步骤如下：

步骤 1：在桌面的"开始"按钮上单击鼠标右键，在弹出的快捷菜单中选择【属性】命令。

步骤 2：在弹出的【任务栏和「开始」菜单属性】对话框中单击【「开始」菜单】选项卡，然后单击「开始」菜单右侧的 自定义(C)... 按钮。

步骤 3：在弹出的【自定义「开始」菜单】对话框中切换到【常规】选项卡，然后将【「开始」菜单上的程序数目】设置为 5，并取消【Internet】与【电子邮件】复选框，如图 2-22 所示。

步骤 4：依次单击 确定 按钮返回桌面。单击"开始"按钮，可以看到【开始】菜单发生了变化，如图 2-23 所示。

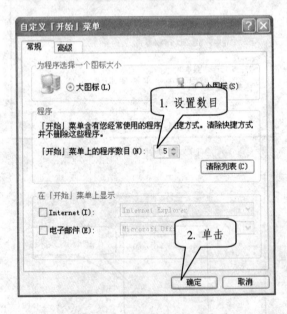

图 2-22 设置数目并取消选项　　　　　　　　　图 2-23 更改后的【开始】菜单

3. 切换到经典菜单

所谓经典菜单，是针对老用户而言的。在 Windows XP 没有推出以前，大家使用的操作系统大多是 Windows 2000 或 Windows 98，很大一部分用户已经习惯了那种工作界面，所以 Windows XP 推出时，为了照顾到老用户的习惯，增设了这一功能，允许用户将【开始】菜单设置为 Windows 2000 或 Windows 98 的表现形式。

步骤 1：在桌面的"开始"按钮上单击鼠标右键，在弹出的快捷菜单中选择【属性】命令。

步骤 2：在弹出的【任务栏和「开始」菜单属性】对话框中单击【「开始」菜单】选项卡，然后选择【经典「开始」菜单】选项，如图 2-24 所示。

步骤 3：单击 确定 按钮返回桌面。单击"开始"按钮，可以看到 Windows XP 的【开始】菜单变成了以前的老面孔，如图 2-25 所示。

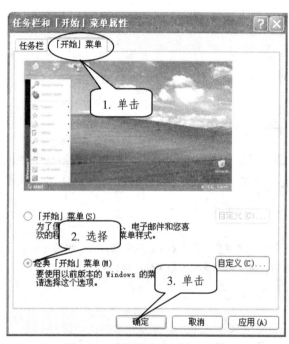

图 2-24　选择经典「开始」菜单

图 2-25　Windows 经典菜单

2.3.3　认识任务栏

顾名思义，任务栏就是用于执行或显示任务的"专栏"，它是一个矩形条，左侧是"快速启动栏"，中间是任务栏主体部分，右侧是"语言栏"与"系统区域"，如图 2-26 所示。

图 2-26　任务栏

➥ **快速启动栏**：它是 Windows XP 的一大特点，其中提供了桌面功能与应用程序图标，单击某程序的图标，可以快速启动相应的程序。当程序图标太多时，会自动隐藏部分图标，并且右侧显示 » 按钮，单击该按钮，可以显示隐藏的图标。

➥ **任务栏主体部分**：任务栏主体部分显示正在执行的任务。当不打开窗口或程序时，它是一个蓝色条；如果打开了窗口或程序，任务栏的主体部分将出现一个个按钮，分别代表已打开的不同窗口或程序，单击这些按钮，可以在打开的窗口之间切换，就像切换电视频道一样方便。

➥ **语言栏**：语言栏位于系统区域的左侧，它用于显示当前使用的输入法状态，也可以通过它来切换输入法。

➥ **系统区域**：任务栏的最右侧是"系统区域"，这里显示系统时间、声音控制图标、网络连接状态图标等。另外，一些应用程序最小化以后，其图标也会出现在这个位置上。

2.3.4 调整任务栏的宽度与位置

默认情况下，任务栏是被锁定的，即不可以随意调整任务栏。但是，取消任务栏的锁定之后，可以对任务栏进行适当的调整，例如，可以改变任务栏的宽度，还可以改变其位置。

重点提示　虽然 Windows XP 的任务栏可以调整，但是不建议随意修改它，因为它的默认宽度与位置是最理想的，符合绝大多数人的工作习惯。

调整任务栏宽度的操作步骤如下：

步骤 1：在任务栏的空白位置处单击鼠标右键，在弹出的快捷菜单中选择【锁定任务栏】命令，取消锁定状态，如图 2-27 所示。

步骤 2：将光标指向任务栏的上方，当光标变为 ↕ 形状时向上拖动鼠标，可以拉高任务栏，如图 2-28 所示。

步骤 3：如果任务栏过高，可以再次将光标指向任务栏的上方，当光标变为 ↕ 形状时向下拖动鼠标，将任务栏压低，如图 2-29 所示。

图 2-27　取消锁定状态

图 2-28　拉高任务栏

图 2-29　压低任务栏

如果用户需要将任务栏调整到桌面的上方、左侧或右侧，例如要将任务栏调整到桌面的右侧，可以按如下方法操作：

步骤 1：确认已经取消任务栏的锁定。

步骤 2：将光标指向任务栏的空白位置处，按住鼠标左键将其向右上方拖动，如图 2-30所示。当看到出现一个虚框时释放鼠标，则任务栏将位于桌面的右侧，如图 2-31 所示。用同样的方法，可以将任务栏调整到桌面的其他位置。

图 2-30　拖动任务栏

图 2-31　桌面右侧的任务栏

步骤 3：在任务栏的空白位置处单击鼠标右键，在弹出的快捷菜单中选择【锁定任务栏】命令，可以将改变后的任务栏锁定。

2.3.5 设置任务栏的属性

除了可以设置任务栏的宽度与位置，任务栏还有许多其他的属性，例如自动隐藏、锁定、显示快速启动栏等。设置任务栏属性的操作步骤如下：

步骤 1：在任务栏的空白位置处单击鼠标右键，在弹出的快捷菜单中选择【属性】命令，如图 2-32 所示。

步骤 2：在弹出的【任务栏和「开始」菜单属性】对话框中单击【任务栏】选项卡，然后根据需要勾选各个复选框，如图 2-33 所示。

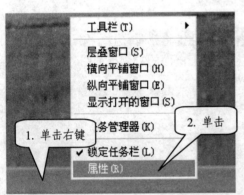

图 2-32 选择【属性】面板　　　　　图 2-33 设置任务栏的显示属性

步骤 3：单击 确定 按钮返回桌面，完成任务栏属性的设置。

下面解释一下各个复选框的作用。

➥ **锁定任务栏**：选择它，可以锁定任务栏，不允许更改，它与快捷菜单中的【锁定任务栏】命令等效。

➥ **自动隐藏任务栏**：选择它，任务栏是隐藏的，当光标滑向任务栏的位置时，任务栏才出现。

➥ **将任务栏保持在其它窗口的前端**：选择它，可以确保任务栏始终位于最前方，避免其它窗口将其遮住。

➥ **分组相似任务栏按钮**: 选择它, 正在运行的相似任务会合并在一个按钮中显示, 否则都以独立的按钮显示在任务栏上。

➥ **显示快速启动**: 选择它, 任务栏的前端将出现快速启动栏, 反之则不显示快速启动栏。

➥ **显示时钟**: 选择它, 任务栏的系统区域将显示系统时间, 否则不显示。

➥ **隐藏不活动的图标**: 选择它, 不经常使用的图标会自动隐藏。

2.4　操作 Windows 窗口

Windows XP 是以窗口的形式来管理计算机资源的, 窗口作为 Windows 的重要组成部分, 构成了我们与 Windows 之间的桥梁。因此, 认识并掌握窗口的基本操作是使用 Windows 操作系统的基础。

Windows XP 是一个多窗口操作系统, 可以同时打开多个窗口。每启动一个程序都会生成一个程序窗口, 同时在任务栏上产生一个按钮。

2.4.1　认识窗口的组成

Windows 的窗口一般由标题栏、菜单栏、工具栏、系统任务、状态栏、滚动条、窗口边框及工作区等部分组成。下面以【我的电脑】窗口为例介绍窗口的组成。

在桌面上双击"我的电脑"图标, 可以打开【我的电脑】窗口, 这是一个典型的 Windows XP 窗口, 构成窗口的各部分如图 2-34 所示。

➥ **标题栏**: 位于窗口的最上方, 颜色通常为深蓝色, 其左侧为窗口的图标和名称, 右侧为控制按钮(分别是最小化按钮、最大化/还原按钮和关闭按钮)。

➥ **菜单栏**: 紧接在标题栏下的就是菜单栏, 其中列出了很多菜单项, 每一个菜单项均包含了一系列的菜单命令, 单击菜单命令可以执行相应的操作或任务。

➥ **工具栏**: 一般位于菜单栏的下方, 它是菜单命令的图形化, 即用图形按钮的方式代表一些常用的菜单命令, 单击这些按钮可以快速执行相应的操作, 比使用菜单命令更方便。

➥ **系统任务**: 这是 Windows XP 特有的, 其中显示了在当前窗口中可以执行的一些系统操作任务。

➥ **位置栏**: 显示了几个常用的窗口名称, 单击它可以快速地进入相应的窗口, 例如, 单击【控制面板】选项就进入了控制面板。

➥ **状态栏**: 位于窗口的底部, 用来显示该窗口的状态。例如, 选择了部分文件时,状态栏则显示"选定了 X 个对象"，X 代表自然数字。

➥ **工作区**：这是窗口最主要的部分，用来显示窗口的内容，我们就是通过这里操作电脑的，如查找、移动、复制文件等。

➥ **滚动条**：分为垂直滚动条和水平滚动条，当窗口太小以至于不能完全显示所有内容时才会出现滚动条。拖动滚动条上的滑块可以浏览工作区内不能显示的其他区域。

➥ **窗口边框**：即窗口的边界，它是用于改变窗口大小的主要工具。

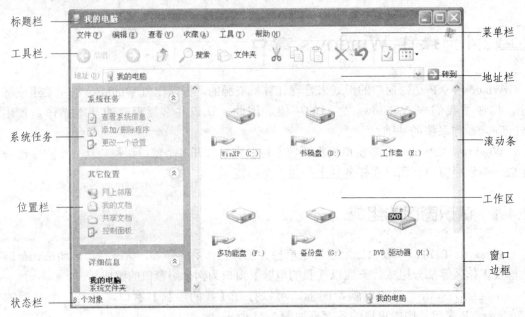

图 2-34　【我的电脑】窗口

2.4.2　窗口的操作

本节中我们将介绍一些窗口的基本操作，包括关闭窗口、调整窗口大小、窗口的移动、多窗口的排列、窗口的切换等。

1. 最大化与最小化窗口

在每个窗口的最上方都有一个标题栏，其右侧为三个控制按钮。单击"最大化"按钮，可以使窗口充满整个 Windows 桌面，处于最大化状态，如图 2-35 所示。这时"最大化"按钮变成了"还原"按钮，单击"还原"按钮，窗口又恢复到原来的大小，如图 2-36 所示。单击"最小化"按钮，窗口将最小化为一个按钮位于任务栏上，如图 2-37 所示。

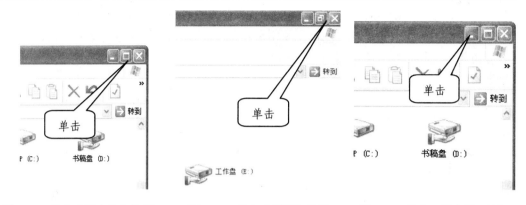

图 2-35　单击"最大化"按钮　　图 2-36　单击"还原"按钮　　图 2-37　单击"最小化"按钮

2. 关闭窗口

完成了操作任务后需要将窗口关闭，直接单击标题栏右侧的"关闭"按钮⊠，即可关闭当前窗口。单击菜单栏中的【文件】/【关闭】命令，也可以关闭窗口。

3. 改变窗口的大小

当窗口处于非最大化状态时，可以改变窗口的大小。将光标移到窗口边框上或者右下角上，当光标变成双向箭头时按住鼠标左键拖动鼠标，就可以改变窗口的大小，如图 2-38 所示。

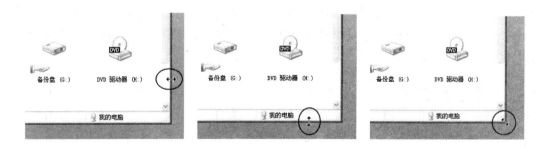

图 2-38　改变窗口大小时的三种状态

4. 移动窗口

移动窗口就是改变窗口在屏幕上的位置，移动窗口的方法非常简单，将光标移到窗口的标题栏上，按住鼠标左键并拖动鼠标到目标位置处，释放鼠标左键，即可完成窗口的移动。

另外，还可以使用键盘移动窗口，方法是按住 Alt 键的同时，按下空格键，这时打开控制菜单，再按下 M 键(即 Move 的第一个字母)，然后使用键盘上的方向键移动窗口，当到达目标位置后，按下回车键。

当窗口处于最大化或最小化状态时，既不能移动它的位置，也不能改变它的大小，这是初学者要特别注意的问题。

重点提示

5. 切换窗口

Windows XP 是一个多窗口操作系统，可以同时打开多个窗口，每打开一个窗口，任务栏上都将产生一个按钮。但无论打开了多少个窗口，都只能对一个窗口进行操作，这个被操作的窗口称为"当前窗口"或"活动窗口"，该窗口的标题栏颜色显示为深蓝色，其他窗口都称为"后台窗口"或"非活动窗口"，它们的标题栏颜色为深灰色。

切换窗口的方法非常简单，直接单击"后台窗口"中未被覆盖的部分，或者单击任务栏上相应窗口的按钮，该窗口便成为"当前窗口"。

2.5 认识菜单和对话框

菜单与对话框都是 Windows 操作系统的重要元素，我们必须认识并掌握它们的使用方法。其中，菜单是一组操作命令的集合，它是应用程序与用户交互的一种主要方式，用户通过选择菜单上的命令来要求程序执行某种动作；对话框是用户与电脑实现人机对话的重要工具。对话框的顶部有标题栏，大小一般是固定的。

2.5.1 菜单的种类

在 Windows XP 中，一共有四种类型的菜单，分别是：【开始】菜单、控制菜单、标准菜单与快捷菜单，下面逐一介绍。

1.【开始】菜单

在 2.3 节中，我们对【开始】菜单已进行了详细介绍，它是 Windows 操作系统特有的菜单，主要用于启动应用程序、获取帮助和支持、关闭电脑等操作。

2. 控制菜单

在任何一个窗口图标上单击鼠标，或者在标题栏上单击鼠标右键，都可以弹出一个菜单，这个菜单称为"控制菜单"，其中的命令包括移动、大小、最大化、最小化、还原和关闭等，如图 2-39 所示。在使用键盘操作 Windows XP 时，控制菜单非常有用。

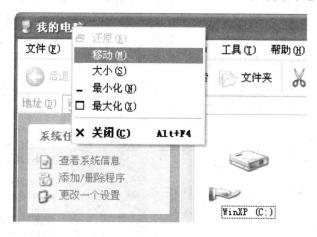

图 2-39　控制菜单

3. 标准菜单

标准菜单是指菜单栏上的下拉菜单，它往往位于窗口标题栏的下方，集合了当前程序的特定命令。程序不同，其对应的菜单也不同。单击菜单栏的菜单名称，可以打开一个下拉菜单，其中包括了许多菜单命令，用于相关操作。图 2-40 所示是【我的电脑】窗口的标准菜单。

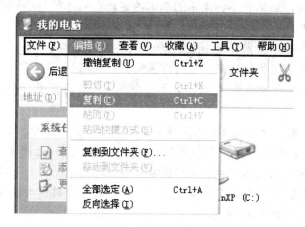

图 2-40　标准菜单

4. 快捷菜单

在 Windows 操作环境下，任何情况下单击鼠标右键，都会弹出一个菜单，这个菜单称为"快捷菜单"。实际上，我们在学习前面的内容时已经接触到了"快捷菜单"。

快捷菜单是智能化的，它包含了一些用来操作该对象的快捷命令。在不同的对象上单击鼠标右键，弹出的快捷菜单中的命令是不同的，如图 2-41 所示。

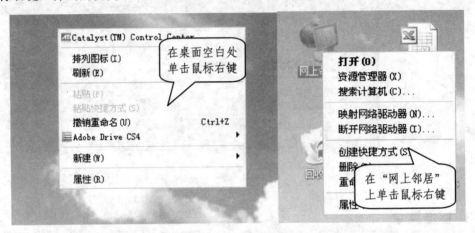

图 2-41　在不同的位置上单击鼠标右键

2.5.2　菜单的约定

在使用菜单之前，必须先了解菜单的基本约定，然后才能得心应手地使用菜单。下面先介绍菜单都有哪些约定。

➥ 灰色的命令表示当前不能执行，即不具备操作条件。但是，一旦具备了操作条件，这些命令就会变为可执行状态，显示为黑色。

➥ 菜单命令后面有省略号 "…"，表示该命令执行后将弹出一个对话框，提供若干选项供用户进行设置。

➥ 菜单命令后有三角符号▶，表示该命令含有下一级子菜单。

➥ 菜单命令后的组合键为该菜单命令的快捷键，如 Ctrl+C 键即【复制】命令的快捷键，使用这些快捷键可以快速地执行相应的菜单命令，而不必打开下拉菜单。

➥ 命令前面有圆点，表示在一组命令中只能选一个，被选中的命令用圆点标记，表示正在执行该命令，如图 2-42 所示。

➥ 命令前面有对钩，表示该命令已生效，这是一种"开关式"命令，前面有对钩表示启用该命令，没有对钩表示关闭该命令，如图 2-43 所示。

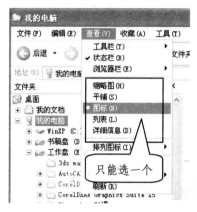

图 2-42 圆点表示只能选一个命令

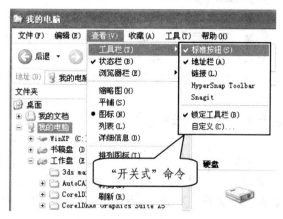

图 2-43 "开关式"命令

2.5.3 认识对话框

对话框是用户更改程序设置或提交信息的特殊界面，它与窗口的区别在于：对话框不能改变大小，对话框有"确定"或"取消"按钮。一般情况下，对话框中包括以下组件：标题栏、各个选项、命令按钮，如图 2-44 所示。

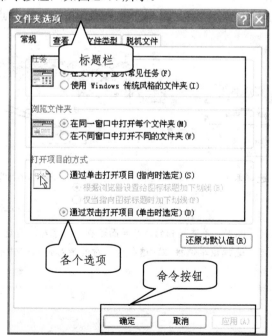

图 2-44 对话框

➥ **标题栏**：位于对话框的顶端，用于标识对话框的名称，也用于移动对话框。

➥ **各个选项**：对话框的主体部分是选项区，它提供了用于设置参数的各个选项，是完成人机交互的主要部分。

➥ **命令按钮**：用于取消或确定选项参数的设置。

2.5.4 对话框的组件

构成对话框的组件比较多，但是，并不是每一个对话框中必须都包含这些组件。一个对话框可能只用到几个组件。常见的组件有选项卡、单选按钮、复选框、文本框、下拉列表框、列表框、数值框与滑块等，下面我们逐一介绍各个组件。

1. 选项卡

选项卡也叫标签，当一个对话框中的内容比较多时，往往会以选项卡的形式进行分类，在不同的选项卡中提供相应的选项。一般地，选项卡都位于标题栏的下方，单击就可以进行切换，如图 2-45 所示。

2. 单选按钮

单选按钮是一组相互排斥的选项，在一组单选按钮中，任何时刻只能选择其中的一个，被选中的单选按钮内有一个圆点，未被选中的单选按钮内无圆点，它的特点是"多选一"，如图 2-46 所示。

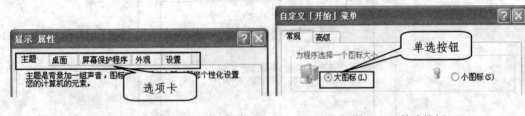

图 2-45 选项卡   图 2-46 单选按钮

重点提示　　一般情况下，单选按钮的名称后面都有一个字母，通过按"Alt+后面的字母"可以选择该单选按钮。这种方法对其他对话框组件也适用，以后不再重复。

3. 复选框

复选框之间没有约束关系，在一组复选框中，可以同时选中一个或多个。它是一个小方框，被选中的复选框中有一个对勾，未被选中的复选框中没有对勾，它的特点是"多选多"，如图 2-47 所示。

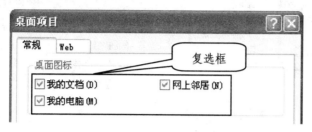

图 2-47　复选框

4. 文本框

文本框是一个矩形方框，它的作用是允许用户输入文本内容，如图 2-48 所示。例如，在 2.2 节中创建快捷方式图标时，就出现过文本框。

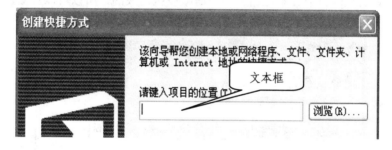

图 2-48　文本框

5. 下拉列表框

下拉列表框是一个矩形框，显示当前的选定项，但是其右侧有一个小三角形按钮，单击它可以打开一个下拉列表，其中有很多可供选择的选项。如果选项太多，不能一次显示出来，将出现滚动条，如图 2-49 所示。

6. 列表框

与下拉列表框不同，列表框直接列出所有选项供用户选择，如果选项较多，列表的右侧会出现滚动条。通常情况下，一个列表中只能选择一个选项，选中的选项以深色显示，如图 2-50 所示。

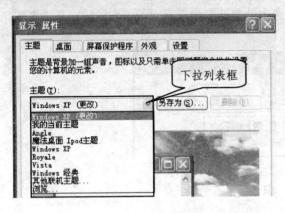
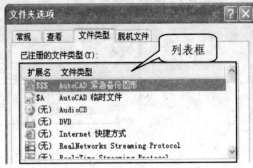

图 2-49　下拉列表框　　　　　　　　　　　图 2-50　列表框

7. 数值框

数值框实际上是由一个文本框加上一个增减按钮构成的，所以可以直接输入数值，也可以通过单击增减按钮的上下箭头改变数值，如图 2-51 所示。

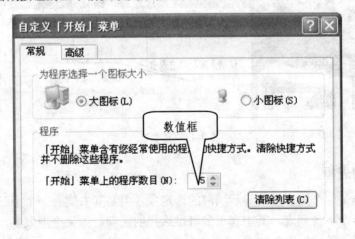

图 2-51　数值框

8. 滑块

滑块在对话框中出现的几率不多，它由一个标尺与一个滑块共同组成，拖动它可以改变数值或等级，如图 2-52 所示。

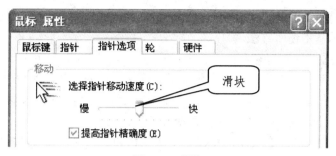

图 2-52　滑块

📖 2.6　使用 Windows 的帮助功能

对于初学者来说，学会使用帮助系统是非常重要的。Windows XP 提供了功能完善而强大的帮助系统，随时可以帮助用户解答疑难问题。

2.6.1　"帮助和支持"功能

在使用电脑的过程中，如果遇到难题而周围又没有人能够给予帮助，最好的方法就是向电脑求助。Windows XP 为我们提供了"帮助和支持"功能，它可以随时解答我们遇到的疑难问题，具体操作方法如下。

首先，单击 ![开始] 按钮，在打开的【开始】菜单中单击【帮助和支持】命令，如图 2-53 所示。这时将打开【帮助和支持中心】窗口。

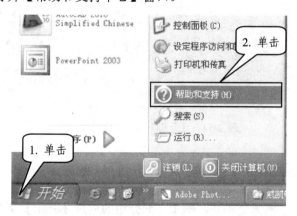

图 2-53　启动帮助

【帮助和支持中心】窗口主要由标题栏、导航栏、搜索栏与帮助信息页面组成。下面简单介绍一下它的基本使用方法。

➥ **标题栏**：显示了窗口名称。

➥ **导航栏**：用于查找帮助信息、控制帮助信息页面的跳转。其中单击 上一步 按钮返回上一个页面；单击 ⊙·按钮返回下一个页面；单击 ⌂按钮则返回起始页面；单击 索引(x) 按钮，可以进行索引查询，获取帮助信息。

➥ **搜索栏**：在【搜索】文本框中输入要查找的内容，并单击⇥按钮，可以直接找到帮助信息。

➥ **帮助信息页面**：主要用于显示帮助信息的内容，而在主页的左侧还可以直接选择需要帮助的主题，它相当于一个目录，如图 2-54 所示。

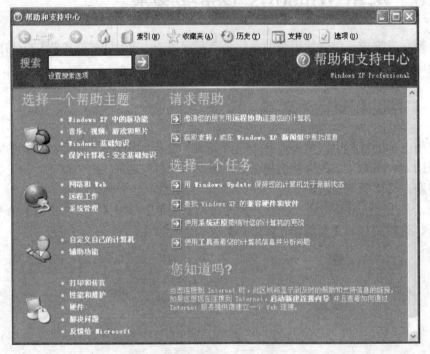

图 2-54 【帮助和支持中心】窗口

2.6.2 程序中的帮助

Windows 的帮助信息无处不在，除了上面介绍的通过【开始】菜单寻求帮助以外，还可以在程序窗口中获取相应的帮助。

　　例如，在【我的电脑】窗口中，可以通过【帮助】菜单获取帮助，如图 2-55 所示；而在 Windows 对话框中，可以通过"帮助"按钮 ? 获取帮助，方法是先单击"帮助"按钮 ? ，然后单击不理解的选项，则出现帮助信息，如图 2-56 所示。

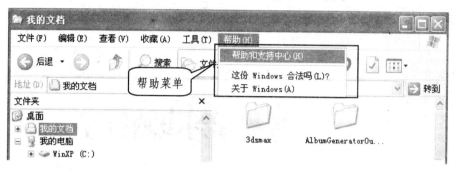

图 2-55　通过【帮助】菜单获取帮助

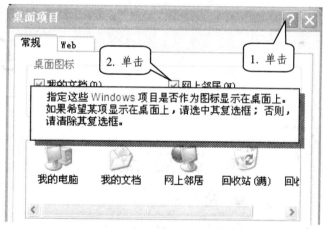

图 2-56　通过"帮助"按钮获取帮助

第3章

轻松学习电脑打字

本 章 要 点

- 输入法基础知识
- 智能 ABC 输入法
- 搜狗拼音输入法
- 中文输入法的通用规则
- 五笔字型输入法

对于任何一位电脑初学者来说，使用电脑时遇到的第一个问题就是文字的输入，其中包括英文字母、数字、符号与汉字。而这些内容都需要通过键盘使用适当的输入法来完成。如何才能快速地与电脑进行交流，除了要加强练习之外，选择一种合适的输入法是至关重要的。

本章将以智能 ABC 输入法、搜狗拼音输入法以及五笔字型输入法为例，分别介绍几种输入法的使用，通过本章的学习，读者可以掌握汉字的输入技法。

3.1　输入法基础知识

Windows XP 操作系统内置了很多输入法，如智能 ABC 输入法、全拼输入法、双拼输入法、微软拼音输入法、郑码输入法等。但是使用第三方输入法时，需要自行安装。

3.1.1　查看和选择输入法

在输入中文时，首先要选择自己会使用的输入法。输入法图标显示在任务栏的语言栏上，且显示为英文状态，如果要选择其他的输入法，可以按下述步骤操作。

步骤 1：在语言栏上单击输入法图标，将弹出输入法列表。

步骤 2：在输入法列表中，列出了当前电脑上安装的所有输入法，例如，要选择"搜狗拼音输入法"，直接单击它即可，如图 3-1 所示。

除了通过语言栏选择输入法之外，还可以通过快捷键的方式来切换输入法。

图 3-1　选择输入法

➨ **按 Ctrl+Shift 键**：要在各输入法之间进行切换，可以按 Ctrl+Shift 键进行。操作方法是，先按住 Ctrl 键不放，再按 Shift 键，每按一次 Shift 键，会在已经安装的输入法之间按顺序循环切换。

➨ **按 Ctrl+Space(空格)键**：如果已经选择了中文输入法，按下 Ctrl+Space(空格)键，可以返回英文状态，再次按该组合键，又返回到中文输入状态。

3.1.2　添加和删除输入法

安装了 Windows XP 操作系统以后，它自身内置了多种输入法，如微软拼音、智能

ABC、区位码和郑码等输入法，对于内置的输入法，我们可以按照如下方法添加与删除。

1. 添加输入法

只有将输入法添加到输入法列表中才能正常使用，大多数情况下，安装输入法以后，系统会自动将该输入法添加到输入法列表中。对于这些输入法，用户可以对其自由地添加与删除。

添加输入法的具体操作步骤如下：

步骤 1：在任务栏右侧的输入法图标上单击鼠标右键，在弹出的快捷菜单中选择【设置】命令，如图 3-2 所示。

步骤 2：在弹出的【文字服务和输入语言】对话框中单击 添加(D)... 按钮，如图 3-3 所示。

图 3-2　设置输入法　　　　　　　　图 3-3　单击"添加"按钮

步骤 3：在弹出的【添加输入语言】对话框中，设置【输入语言】为"中文(中国)"，在【键盘布局/输入法】下拉列表中选择要添加的输入法，如"中文(简体)-双拼"，如图 3-4 所示。

步骤 4：单击 确定 按钮，则添加了新的输入法，如图 3-5 所示。

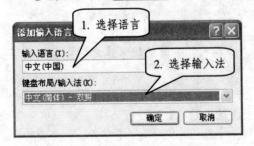 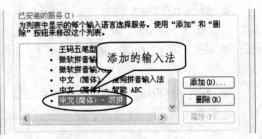

图 3-4　【添加输入语言】对话框　　　图 3-5　添加了新的输入法

步骤 5：再次单击【文字服务和输入语言】对话框中的 确定 按钮，完成输入法的添加。

重点提示　添加输入法只能添加系统自带的内置输入法，对于外部输入法，如五笔字型输入法、搜狗拼音输入法等，则只能采用安装的方法来添加，后面我们会详细介绍这类输入法的安装。

2. 删除输入法

如果安装的输入法太多，在选择输入法时就很不方便，特别是使用快捷键切换输入法时，会浪费时间。这时用户可以删除不常使用的输入法。

删除输入法的具体操作步骤如下：

步骤 1：按照前面的方法打开【文字服务和输入语言】对话框，在【已安装的服务】列表中选择要删除的输入法，然后单击 删除(R) 按钮，如图 3-6 所示。

步骤 2：单击 确定 按钮，则成功删除该输入法，如图 3-7 所示。

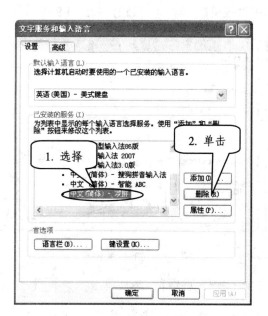

图 3-6　从列表中删除输入法

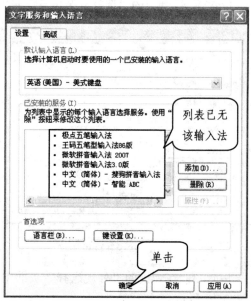

图 3-7　确认删除输入法

重点提示　当用户删除一个输入法时，只是从系统记录的当前输入法列表中删除了这条记录，并不是从硬盘上删除了输入法文件，所以不必担心。但是要注意，对于一些外部输入法而言，一旦删除，需要重新安装。

3.1.3　外部输入法的安装

外部输入法是指非 Windows XP 系统自带的输入法，也称为第三方输入法，例如五笔字型输入法、搜狗拼音输入法等。这类输入法的安装方法与应用程序类似。

1．安装极点五笔输入法

极点五笔输入法是目前比较流行的一种输入法，它采用王码五笔 86 版核心技术，实现了五笔与拼音的模糊识别，更加易用。要安装极点五笔输入法，首先到网上下载该输入法的安装程序，这是一个免费软件，安装方法如下：

步骤 1：进入极点五笔输入法的安装目录，双击其安装程序，则弹出安装向导对话框的"许可证协议"页面，单击 我接受(I) 按钮，接受其许可协议，如图 3-8 所示。

步骤 2：在弹出的"选择安装位置"页面中直接单击 安装(I) 按钮，如图 3-9 所示。

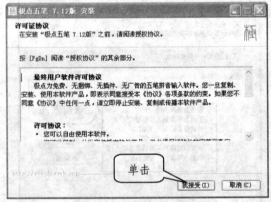

图 3-8　接受其许可协议

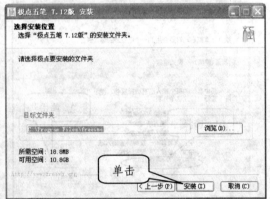

图 3-9　选择安装位置

步骤 3：在弹出的"外观选择"页面中选择一种外观式样，然后单击 下一步(N) > 按钮，如图 3-10 所示。

步骤 4：在弹出的"输入模式选择"页面中选择一种输入模式，建议选择"五笔拼音模式"，这种方式可以自动识别五笔输入与拼音输入，然后单击 下一步(N) > 按钮，如图 3-11 所示。

图 3-10　选择外观式样

图 3-11　选择输入模式

步骤 5：在弹出的"字符集选择"页面中选择字符集，大字符集允许输入一些生僻字，然后单击 关闭(L) 按钮，如图 3-12 所示。

步骤 6：最后弹出安装成功提示，确定该操作即可。这样就安装了极点五笔输入法，它将出现在输入法列表中，如图 3-13 所示。

图 3-12　选择字符集

图 3-13　安装成功

重点提示

五笔字型输入法采用了汉字的形码进行编码，具有重码少、不受方言干扰等优点。目前的五笔字型输入法版本很多，例如：万能五笔、陈桥五笔、极点五笔、QQ五笔等，不一而足，但核心基本都是王码五笔86版。

2. 安装搜狗拼音输入法

搜狗拼音输入法是搜狐公司推出的一款汉字拼音输入法,目前深受大家的推崇,号称是当前网上最流行、用户好评率最高、功能最强大的拼音输入法。它采用了搜索引擎技术,在输入速度、词库广度、词汇准确度上都具有很大优势,其安装方法如下:

步骤 1:当用户从网上下载完成搜狗拼音输入法后,双击该安装文件,然后在弹出的安装向导对话框中单击 下一步(N) > 按钮,如图 3-14 所示。

步骤 2:在打开的"许可证协议"页面中阅读安装使用协议,然后单击 我同意(I) 按钮,如图 3-15 所示。

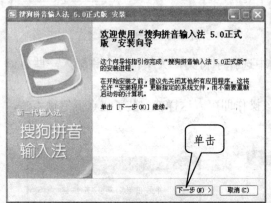

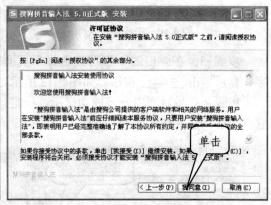

图 3-14　安装向导对话框　　　　　　　图 3-15　同意使用协议

重点提示　　　安装软件的过程中,一般都会出现"许可证协议"页面,在这一操作步骤中必须选择"同意"或"接受",否则将退出安装。

步骤 3:在打开的"选择安装位置"页面中设置安装路径,可以在【目标文件夹】文本框中直接输入安装路径,也可以单击 浏览(B)... 按钮设置新的安装路径,然后单击 下一步(N) > 按钮,如图 3-16 所示。

步骤 4:打开"选择'开始菜单'文件夹"页面,在这里保持默认设置,直接单击 安装(I) 按钮,如图 3-17 所示。

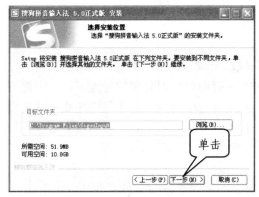

图 3-16　设置安装路径

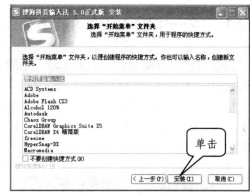

图 3-17　选择"开始菜单"文件夹

步骤 5：执行安装操作以后，系统开始自动安装搜狗拼音输入法，并在弹出的向导对话框中显示安装进度，这时需要等待一会儿，如图 3-18 所示。

步骤 6：安装进度条消失后，表示安装完成，这时会弹出提示信息，单击 完成(F) 按钮即完成安装，如图 3-19 所示。

图 3-18　开始安装

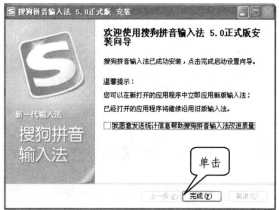

图 3-19　安装完成

📖3.2　智能 ABC 输入法

智能 ABC 输入法是 Windows XP 操作系统内置的一种中文输入法，它简单易学，容易上手，只要会汉语拼音就会使用该输入法。

3.2.1　找一个输入汉字的地方

在学习使用智能 ABC 输入法时，必须先找一个输入汉字的地方。如果您的电脑中没有安装 Word 文本处理软件，在 Windows XP 下有两处练习打字的好地方，一个是记事本，如图 3-20 所示；另一个是写字板，如图 3-21 所示。在【开始】菜单中指向【所有程序】/【附件】命令，并在打开的子菜单中单击【记事本】命令或【写字板】命令，可以启动它们。

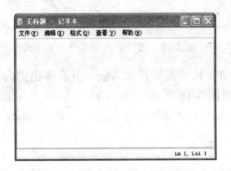

图 3-20　记事本　　　　　　　　　　　　　　　图 3-21　写字板

有了输入汉字的地方以后，下面介绍一下输入汉字的操作顺序。

步骤 1：启动文本处理软件(如记事本、写字板、Word 等)。

步骤 2：选择适合自己的输入法，这里选择"智能 ABC 输入法"。

步骤 3：输入文字。

3.2.2　智能 ABC 输入法的使用

智能 ABC 输入法就是基于拼音的标准输入法，选择智能 ABC 输入法以后，屏幕下方会出现一个输入状态条，从左到右分别是"中/英文切换"按钮、"输入法名称"、"全角/半角切换"按钮、"中英/文标点切换"按钮、软键盘开关按钮，如图 3-22 所示。

图 3-22　输入状态条

使用智能 ABC 输入法输入汉字和词组的时候，分为三种输入方式：全拼输入、简拼输入和混拼输入。

1．全拼输入

全拼输入的特点是输入汉字时依次输入每个汉字的所有拼音字母，操作步骤如下：

步骤 1：打开写字板(也可以打开记事本)，切换到智能 ABC 输入法。

步骤 2：如果要输入单个汉字，输入该汉字的完整拼音即可，例如输入"电"字，可键入拼音"dian"，如图 3-23 所示。

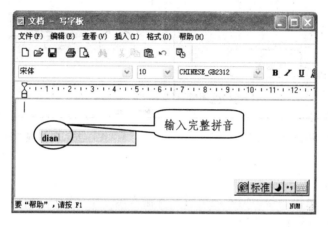

图 3-23　输入完整拼音

步骤 3：按下空格键，则候选窗口中将出现若干同音字，"电"字的编号为"2"，这时按下数字键"2"就可以输入"电"字，如图 3-24 所示。

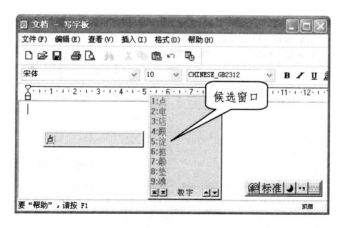

图 3-24　在候选窗口中选择文字

步骤 4：如果要输入汉字词组，就按照顺序键入词组的完整拼音。例如，要输入词组"计算机"，可键入拼音"jisuanji"，按下空格键，则候选窗口中出现词组"计算机"，此时再按一次空格即可，如图 3-25 所示。

步骤 5：如果输入词组时，前后拼音容易混淆，需要使用"'"分隔开，如图 3-26 所示。

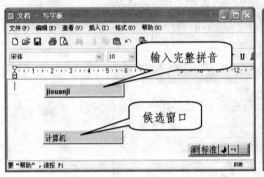
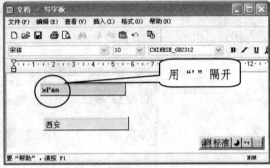

图 3-25 输入词组的拼音   图 3-26 容易混淆拼音的处理

2. 简拼输入

简拼输入速度更快一些，输入词组时只需输入每一个字的第一个字母即可，而不需要输入完整的拼音，其操作方法如下：

步骤 1：打开写字板(也可以打开记事本)，切换到智能 ABC 输入法。

步骤 2：输入简拼，例如输入"当年"两个字，只需要键入声母 d 和 n 即可，然后按下空格键，此时候选窗口中出现了很多关于声母 d 和 n 组成的词组，如图 3-27 所示。

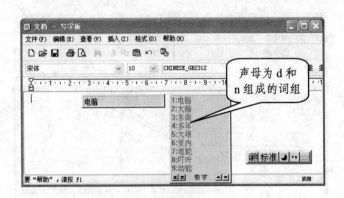

图 3-27 键入声母

步骤 3：如果候选窗口中没有需要输入的词组，则按下键盘上的"+"键翻至下一页进行查找，找到需要输入的汉字之后按下前面对应的数字键即可，如图 3-28 所示。

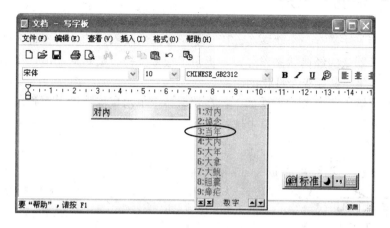

图 3-28　翻页查找

重点提示

在智能 ABC 输入法中，汉语拼音中的字母"ü"用字母 v 来代替，例如输入"绿"字，需要键入"lv"，然后按下空格键。

3. 混拼输入

全拼输入的缺点是效率低，因为要键入全部拼音；简拼输入虽然减少了击键次数，输入比较快，但是随之而来的问题是重码率太高，需要不停地翻页查找。而混拼输入就是为了解决前两种输入方式存在的弊端。它使用全拼和简拼相结合的方法，这样既能减少击键次数，又能降低重码率，例如，输入词组"计算机"时，可输入拼音"jsji"、"jisj"或"jsuanj"，结果都一样，都会出现词组"计算机"。

📖3.3　搜狗拼音输入法

搜狗拼音输入法是一款相当不错的输入法，用户认可度比较高，不仅具有普通拼音输入法的功能，而且对于一些 Internet 中出现的新名词，如歌手名、电视剧名、网络流行语等，都能以词组的形式快速输入，例如"菜鸟"，这是一个网络词汇，使用搜狗拼音输入法可以轻松地打出来。

3.3.1　个性化的状态条

　　任何一款输入法都有一个状态条，用于提示输入法状态。搜狗拼音输入法的状态条非常个性化，除了默认的经典状态以外，还提供了很多式样。虽然从功能上来说没有太多差别，但是可以满足一些要求个性化的用户。

　　设置个性化输入状态条的方法如下：在状态条上单击鼠标右键，在弹出的快捷菜单中选择【更换皮肤】命令，在子菜单中选择一款符合自己喜好的式样，如图 3-29 所示。

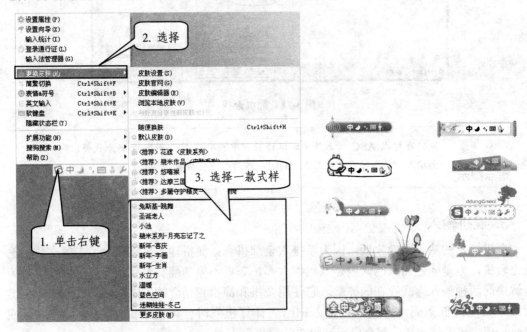

图 3-29　搜狗拼音输入法的个性化状态条

3.3.2　输入汉字的方法

　　搜狗拼音输入法与前面介绍的智能 ABC 输入法类似，也有三种输入汉字的方式，即全拼输入、简拼输入、混拼输入。

　　其输入文字的过程也一样，只是不用按下空格键，就可以在下方看见候选窗口，功能上更加方便。例如，输入"电脑入门"四个字，键入 dnrm，马上出现与之相关的候选词语，按下词组前面的数字键即可选择相应的词语，对于第一个词语，还可以按空格键进行选择，如图 3-30 所示。

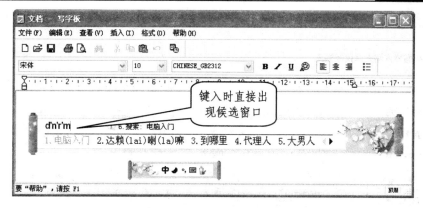

图 3-30　使用搜狗输入汉字的过程

3.3.3　输入特殊字符

搜狗拼音输入法的功能非常强大，它可以轻松地输入一些常用的特殊符号，特别是进行网络聊天时，可以方便地输入一些网络语言或表情，具体操作方法如下：

步骤 1：在输入状态条上单击鼠标右键，在打开的快捷菜单中选择【表情&符号】命令，然后在其子菜单中单击【特殊符号】命令，如图 3-31 所示。

步骤 2：在打开的【搜狗拼音输入法快捷输入】对话框中先选择符号类型，如选择"英文音标"类型，然后单击需要输入的符号，如图 3-32 所示。

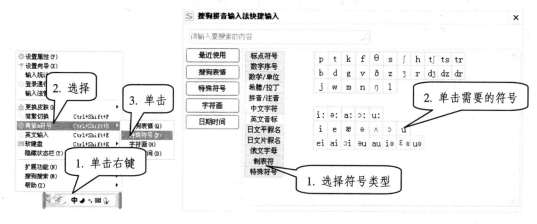

图 3-31　选择【特殊符号】命令　　　　　　图 3-32　输入特殊符号

步骤 3：如果要输入一些网络语言，可以在【表情&符号】的子菜单中单击【搜狗表情】命令，或者在【搜狗拼音输入法快捷输入】对话框左侧单击 搜狗表情 按钮，然后单击所需要的表情符号，如图 3-33 所示。

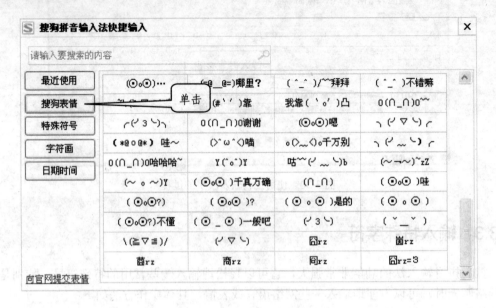

图 3-33　输入网络语言的表情符号

步骤 4：使用搜狗拼音输入法还可以输入一些漂亮的字符画，在【表情&符号】的子菜单中单击【字符画】命令，或者在【搜狗拼音输入法快捷输入】对话框左侧单击 字符画 按钮，然后单击所需要的字符画即可，如图 3-34 所示。

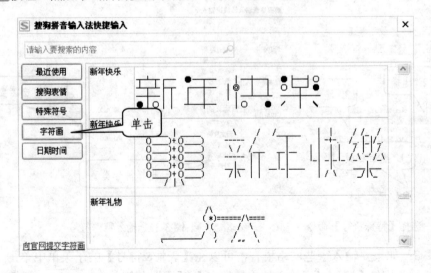

图 3-34　输入网络使用的字符画

步骤 5：输入完特殊字符，最后关闭对话框即可。

3.3.4　使用模糊音输入

模糊音输入是搜狗拼音输入法的一大特色，它是专门为容易混淆某些音节的人所设计的，例如，有一个绕口令"四是四，十是十，十四是十四，四十是四十"，它就是训练模糊音"s"与"sh"的。在日常生活中，很多人分不清这两个拼音，为了确保输入的正确，搜狗拼音输入法允许使用模糊音输入。开启模糊音功能以后，键入拼音"si"时，候选窗口中会同时提供拼音"si"和"shi"的汉字。

默认情况下，搜狗拼音输入法的模糊音输入功能并不是开启的，要开启此功能，可以按下面的操作方法进行设置。

步骤 1：在输入状态条上单击鼠标右键，在快捷菜单中选择【设置属性】命令。

步骤 2：在弹出的【搜狗拼音输入法设置】对话框中单击左侧的 高级 按钮，然后在【智能输入】选项组中单击 模糊音设置 按钮，如图 3-35 所示。

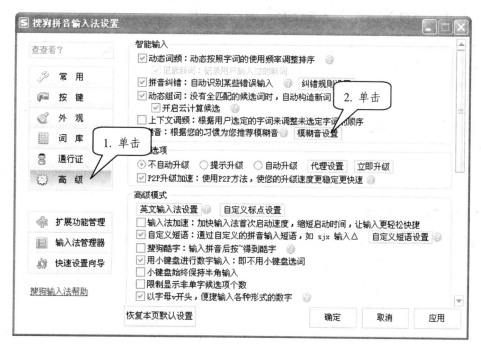

图 3-35　开启模糊音输入功能

步骤 3：在弹出的【搜狗拼音输入法-模糊音设置】对话框中勾选需要支持的模糊音，然后依次单击 确定 按钮确认即可，如图 3-36 所示。

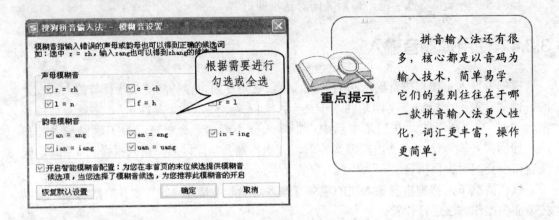

图 3-36　勾选需要支持的模糊音

3.4　中文输入法的通用规则

无论使用哪一种中文输入法，它们都有一些共性的操作。本节集中介绍一下中文输入法的通用规则。

3.4.1　输入法状态条的使用

当我们选择了一种中文输入法时，例如，选择了"智能 ABC 输入法"，这时就会显示一个输入法状态条，它的组成结构如图 3-22 所示。

1. 中/英文切换按钮

单击中/英文切换按钮，可以在当前的中文输入法与英文输入法之间进行切换。所有的中文输入法都有这样一个按钮，只不过按钮的图案不一样。

除此之外，还有一种快速切换中、英文输入法的方法，即按 Ctrl+Space(空格)键。

2. 全角/半角切换按钮

单击全角/半角切换按钮，可以在全角/半角方式之间进行切换。全角方式时，输入的数字、英文等均占两个字节，即一个汉字的宽度；半角方式时，输入的数字、英文等均占一个字节，即半个汉字的宽度。

除此之外，还有一种快速切换全角、半角方式的方法，即按 Shift+Space 键。

3. 中/英文标点切换按钮

单击中/英文标点切换按钮，可以在中文标点与英文标点之间进行切换。如果该按钮显示空心标点，表示对应中文标点；如果该按钮显示实心标点，表示对应英文标点。

除此之外，还有一种快速切换中/英文标点的方法，即按 Ctrl+.(句点)键。

4. 软键盘开关按钮

单击软键盘开关按钮，可以打开或关闭软键盘。默认情况下，打开的是标准 PC 键盘。当需要输入一些特殊字符时，可以在软键盘开关按钮上单击鼠标右键，这时会出现一个快捷菜单，如图 3-37 所示。

根据需要选择相应的命令，就可以打开对应的软键盘，输入一些特殊符号了。例如要输入"今天最高气温 27±0.5℃"一行文字，其中的"±"和"℃"就要借助【数学符号】软键盘和【单位符号】软键盘，如图 3-38 所示。

图 3-37　软键盘的快捷菜单

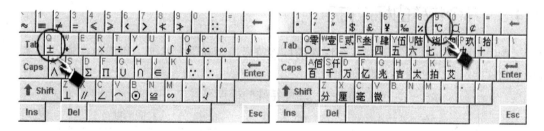

图 3-38　【数学符号】软键盘和【单位符号】软键盘

3.4.2　外码输入与候选窗口

外码输入窗口用于接收键盘的输入信息，只有输入过程中才出现外码输入窗口。而候选窗口是指供用户选择文字的窗口，该窗口只在有重码或联想情况下才出现，而且其外观形式因输入法的不同而不同，如图 3-39 是"智能 ABC 输入法"的外码输入与候选窗口。

在候选窗口单击所需的文字，或者按下文字前方的数字键，可以将文字输入到当前文档中。如果候选窗口中没有所需的文字，可以按"+"键向后翻页，按"−"键向前翻页，直到找到所需的文字为止。

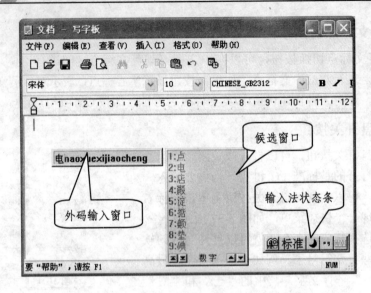

图 3-39 智能 ABC 输入法的外码输入与候选窗口

3.4.3 几个特殊的标点符号

在中文输入法状态下，有几个特殊的标点符号需要初学者掌握，以避免在输入文字时找不到这些标点，如表 3-1 所示。

表 3-1 几个特殊的标点符号

标　点	名　称	对应的键
、	顿号	\
——	破折号	_
……	省略号	^
·	间隔号	@
《 》	书名号	< >

📖 3.5 五笔字型输入法

五笔字型输入法是一款输入速度快、重码率低、简单易学的专业输入法。它最早是王永民先生研制出来的，所以也称"王码"。现在流行的各种各样的五笔输入法，大部分都是在"王码五笔 86 版"基础上改进的。

3.5.1　五笔字型理论基础

五笔字型是在对汉字的结构进行深入的研究和分析后开发的一种汉字输入技术。它将汉字分解为字根，通过字根组字，可以较快地输入汉字。

1. 汉字的三个层次

汉字的结构可划分为三个层次，即笔画、字根、单字。

笔画：是不间断地一次连续写成的一个线条，笔画是汉字最基本的组成要素。

字根：是指由笔画交叉连接而成的相对不变的结构，一般称为偏旁、部首。五笔字型称这些相对不变的结构为字根，字根是构成汉字的重要组成部分，是汉字的灵魂。

单字：是指由字根或笔画按一定位置关系组合起来而构成的汉字。

2. 汉字的五种笔画

在五笔字型输入法中，按照书写方向将汉字的笔画分为五种：横、竖、撇、捺、折。为了便于记忆和排序，分别以 1、2、3、4、5 作为五种笔画的代号，如表 3-2 所示。

表 3-2　汉字的五种笔画

代号	笔画名称	笔画走向	笔画及其变形
1	横	左→右	一
2	竖	上→下	｜ ｜
3	撇	右上→左下	丿
4	捺	左上→右下	丶 乀
5	折	带转折	乙 乛 乙 𠃌 𠃍

下面是关于标准笔画变体的几点说明：

"提笔皆为横"，例如：现场特扛(各字左部末笔都是"提"，视为横)；

"点点皆为捺"，例如：学家寸心(各字中的点，包括宀的左点都为捺)；

"左竖钩为竖"；

"带折均为折"(带折的，除左竖钩，均视为折)。

一定要掌握好五种基本笔画及其变形，这是以后输入键面字和判断末笔识别码的基础与理论依据。

3. 汉字的三种字型

汉字的字型结构可分为三种类型：左右型、上下型、杂合型。这三种字型的划分是基于对汉字整体轮廓的认识，是指字根之间的相互位置关系，如表3-3所示。

表3-3 汉字的三种字型

代号	字型	图 示	字 例
1	左右型		汉湘结到
2	上下型		字室花型
3	杂合型		困凶这司

关于三种字型的划分，还有以下约定：

(1) 凡是单笔画与字根相连或者带点结构都视为杂合型，如"义、太、为"等。

(2) 区分字型时要按照"能散不连"的原则，如"矢、卡、严"都视为上下型。

(3) 内外型字属杂合型，如"困、同、匝"等。

(4) 含两个字根且相交者属杂合型，如"东、串、本、农、里"等。

(5) 含"走之"旁的字归为杂合型，如"进、逞、远、过"等。

4．字根间的结构关系

基本字根可以拼合组成所有汉字。组成汉字时，字根间的位置关系可以分为四种类型：单、散、连、交。掌握了字根间的结构关系，就可以正确地拆分汉字和判断汉字字型。

(1) 单：是指字根本身就是单独的汉字，包括键名字、成字字根。在五笔字型的125个基本字根中，这种类型的字根占很大比重，约有八九十个，如"王、土、五、文、雨、木"等。

(2) 散：是指构成汉字不止一个字根，且字根间保持一定距离，不相连也不相交，如"汉、字、笔、培、训、要、对"等。

(3) 连：五笔字型中字根间的"相连"并非通俗的相互连接之意，而是指单笔画与基本字根相连；另外，带点结构也认为是相连，如"自、千、尺、下、且、术、太、勺、义"等。但是要注意一点，单笔画与基本字根间有明显间距则不是相连，如"个、少、么、旦、幻、旧、孔、乞、鱼"等。

(4) 交：是指两个或多个字根交叉套迭构成的汉字。其主要特点是字根之间部分笔画重叠，如"农、申、里、果、专、必、夷"等。

5．汉字的拆分原则

汉字的组合与拆分是一个问题的两个方面。组合是指字根以什么方式拼合交连而成汉字；拆分是指汉字能够拆分成什么字根。

前面讲述的"单"、"散"两种情况很容易拆分，这里就不赘述了。拆分汉字问题的关键集中在"连"、"交"两种情况，拆分起来有一定的难度。

拆分汉字的基本原则有五点：即按书写顺序、取大优先、兼顾直观、能散不连、能连不交。

1) 按书写顺序

书写汉字的顺序遵守从左到右、从上到下、从外到内的基本顺序，在五笔字型中拆字时也要按这种顺序，如"义"字的首笔为"丶"。

2) 取大优先

该原则包含两层含义：第一，拆分汉字时拆分出的字根数应最少；第二，当有多种拆分方法时要先取最大的字根。如"哀"字的正确拆分为"亠、衣"，"朱"字的正确拆分为"二、小"。

那么怎样才算"大"呢？答案是：字根表中笔画最多的字根就是"大"。

3) 兼顾直观

拆分汉字时，为了照顾汉字字根的完整性，有时不得不牺牲"书写顺序"和"取大优先"的原则，形成少数例外的情况，我们把这种情况归为"兼顾直观"。如"国"字按汉字构造的直观性应拆成"囗、王、丶"，"自"应拆成"丿、目"。

4) 能散不连、能连不交

笔画与字根之间、字根与字根之间的关系，可以分为"散"、"连"、"交"三种关系。拆分汉字时遇到"散"与"连"模棱两可(也就是说，这个汉字既能"散"又能"连")时，我们规定：只要不是单笔画，一律按"能散不连"进行拆分。当一个字既可拆成"相连"的几部分，也可拆成"相交"的几部分时，要按"连"来拆分。

表 3-4 所示是一些连体结构汉字的拆分实例。

表 3-4　部分连体结构汉字的拆分

产	立丿	歹	一夕	于	一十	凡	几丶	玉	王丶
下	一卜	亡	亠乙	自	丿目	叉	又丶	刁	乙一
斗	冫十	正	一止	开	一廾	乏	丿之	刃	刀丶
天	一大	头	冫大	入	丿丶	丘	斤一	夭	丿大
习	乙冫	术	木丶	不	一小	勺	勹丶		
且	月一	才	十丿	千	丿十	酉	西一		
升	丿廾	尺	尸丶	太	大丶	尢	一儿		
卫	卩一	灭	一火	血	丿皿	户	丶尸		

3.5.2　五笔字型字根分布

五笔字型把整个键盘划分为五个区，一区为以横起笔的字根；二区为以竖起笔的字根；三区为以撇起笔的字根；四区为以捺(包括点)起笔的字根；五区为以折起笔的字根。每区分 5 位，对应 25 个字母键，如图 3-40 所示。

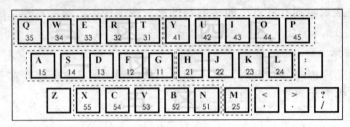

图 3-40　键盘的分区

五笔字型的 125 种基本字根也按照起笔笔画分为五类，每类占据键盘的一个区，从而形成一一对应关系。由于字根比较多，而键盘中的字母键只有 26 个，因此，一个字母上需要分配多个字根，为了便于记忆，每一个键都取一个字根作键名，各键名如下：

一区：横起笔，王(11)、土(12)、大(13)、木(14)、工(15)；

二区：竖起笔，目(21)、日(22)、口(23)、田(24)、山(25)；

三区：撇起笔，禾(31)、白(32)、月(33)、人(34)、金(35)；

四区：捺起笔，言(41)、立(42)、水(43)、火(44)、之(45)；

五区：折起笔，已(51)、子(52)、女(53)、又(54)、纟(55)。

其中，键名、字母与键位是一一对应的关系，例如 Q 键，其键名是金，键位是 35，即三区的第五位。

五笔字型的字根分布具有以下规律：

第一，字根首笔笔画与所在区号一致。

第二，相当一部分字根的第二笔笔画号与位号一致，如"王、戋、文、方、广"。

第三，部分字根的笔画数与位号一致，如"一、二、三"分别在一区的 1、2、3 位；"、、冫、氵、灬"分别在四区的 1、2、3、4 位。

第四，部分字根与键名字根或主要字根形态相近，如表 3-5 所示。

表 3-5　键名与形似字根

键　　名	形 似 字 根
土	士、干
大	犬
水	氵、氺、小
之	辶、廴
己	巳、己、尸
心	小、忄

第五，位号从中间向两侧由小到大变化。

3.5.3 五笔字型字根助记词

学习五笔字型输入法，必须熟练背诵 125 个基本字根，并牢记每一个字根所对应的键位。为了便于读者快速记忆每一个字根，下面列出五笔字型字根助记词。

第一区字根助记词：

11 G	王 戋五一	王旁青头戋(兼)五一

11 G 王丰戋五一　　　　　　　王旁青头戋(兼)五一
12 F 土士二干屮十寸雨　　　　　土士二干十寸雨
13 D 大犬三手厾镸古石厂ナ丆ナ　大犬三手(羊)古石厂
14 S 木丁西　　　　　　　　　　木丁西
15 A 工戈弋艹廾卅廿凵匸七　　　工戈草头右框七

说明："兼"与"戋"同音，借音转义；"羊"指羊字底"手"和"厾"；"右框"即方向朝右的框"匸"。

第二区字根助记词：

21 H 目且上止龰卜㇏广疒　　　　目具上止卜虎皮
22 J 日冂曰早刂川刂虫　　　　　日早两竖与虫依
23 K 口川川　　　　　　　　　　口与川，字根稀
24 L 田甲口四罒皿甲车力川　　　田甲方框四车力
25 M 山由贝门几鬥　　　　　　　山由贝，下框几

说明："具上"指"具"字的上部"且"；"卜虎皮"指"虎、皮"的外边(皮)"广、疒"；"方框"指"囗"。

第三区字根助记词：

31 T 禾秂竹丿⺮彳攵夂　　　　　禾竹一撇双人立，反文条头共三一
32 R 白手扌手斤斥彡⺈厂　　　　白手看头三二斤
33 E 月月舟彡乃用豕豖⻖𧘇⺀　　月彡(衫)乃用家衣底
34 W 人亻八业癶　　　　　　　　人和八，三四里
35 Q 金钅勹鱼犭乂儿几夕夕㸦　　金勹缺点无尾鱼，
　　　　　　　　　　　　　　　犬旁乂儿一点夕，氏无七(妻)

说明："双人立"即双立人"彳"；"反文"即"攵"；"条头"即"夂"；"看头"指"看"字的头即"手"；"彡"无音，形近"衫"；"家衣底"即"豕、衣、𧘇"；"人"和"八"在"34"键里；"勹缺点"指"勹"；"无尾鱼"指"鱼"；"犬旁"指"犭"而不是"彳"，要特别注意；"一点夕"指带一个点的"夕"、少一个点的"夕"、多一个点的"夕"；"氏无七"指"氏"去掉"七"后的"㇏"。

第四区字根助记词：

41 Y　言讠 文方广宀㇇圭、乀　　　　　　言文方广在四一，高头一捺谁人去

42 U　立辛冫䒑丬丬六立门疒　　　　　　立辛两点六门疒

43 I　水氵氺㡿丷业业小　　　　　　　　水旁兴头小倒立

44 O　火业灬米　　　　　　　　　　　　火业头，四点米

45 P　之辶廴宀穴礻衤　　　　　　　　　之宝盖，摘礻(示)衤(衣)

说明："高头"指"亠、言"；"谁人去"指"谁"去掉"亻"剩下的"讠、圭"；"水旁"指"氵"，"兴头"指"丷、业"，"小倒立"指"丷"；"业头"指"业"；"之"指"之、辶、廴"，"宝盖"指"宀、穴"；"礻、衤"摘除一点和两点即"礻"。

第五区字根助记词：

51 N　已巳己乛乙尸𡰥心忄 小羽く　　　已半巳满不出己，左框折尸心和羽

52 B　子孑耳阝卩㔾了也凵巜　　　　　　子耳了也框向上

53 V　女刀九臼彐巛　　　　　　　　　　女刀九臼山朝西

54 C　又ス𠃌巴马厶　　　　　　　　　　又巴马，丢矢矣

55 X　纟幺口弓匕比幺　　　　　　　　　慈母无心弓和匕，幼无力

说明："左框"即向左的框"コ"；"框向上"指向上的框"凵"；"山朝西"即朝西倒的山"彐"；"矣"去掉"矢"即为"厶"；"母无心"即"母"去掉中心部分剩下的"凵"，"幼"去"力"即为"幺"。

3.5.4　五笔字型的录入规则

掌握了五笔字型的基本字根以后，接下来就要学习如何拆字，也就是说，如何将一个汉字折分成合理的字根，以便于录入，下面详细介绍各种汉字的录入方法。

1. 键名字的录入

每个键位上的第一个字根(即助记词中打头的那个字根)称为"键名字"。键名字是一些组字频度较高而形体上又有一定代表性的字根，绝大多数键名字本身就是一个汉字。录入键名字时需要将其所在的键连续敲击四下，如"王"字为 GGGG；"目"字为 HHHH。

五笔字型中的 25 个键名字及其编码如下：

一区(横区)	王(GGGG)	土(FFFF)	大(DDDD)	木(SSSS)	工(AAAA)
二区(竖区)	目(HHHH)	日(JJJJ)	口(KKKK)	田(LLLL)	山(MMMM)
三区(撇区)	禾(TTTT)	白(RRRR)	月(EEEE)	人(WWWW)	金(QQQQ)
四区(捺区)	言(YYYY)	立(UUUU)	水(IIII)	火(OOOO)	之(PPPP)
五区(折区)	已(NNNN)	子(BBBB)	女(VVVV)	又(CCCC)	纟(XXXX)

2. 键面字的录入

键面字即成字字根，在五笔字型的 125 个基本字根中，除了 25 个键名字根外，还有一些字根本身也是汉字，我们将它们称为"成字字根"或"键面字"。各区的成字字根如表 3-6 所示。

表 3-6　各区的成字字根

一区	一五戋，士二干十寸雨，犬三古石厂，丁西，戈弋艹廾匚七
二区	卜上止丨，日刂早虫，川，甲口四皿车力，由贝门几
三区	竹夂夂彳丿，手扌斤，彡乃用豕，亻八，钅勹儿夕
四区	讠文方广丷丶，辛六疒门氵，丬氵小，灬米，辶廴宀冖
五区	已已尸心忄羽乙，孑耳阝，卩了也乚山，刀九臼彐，厶巴马，幺弓匕

成字字根的录入方式为键名码＋首笔码＋次笔码＋末笔码。如果该字不足四码，则补空格键。

说明："键名码"即字根本身所在的键，敲击该键又称报户口。"首笔码、次笔码和末笔码"，不是按字根取码，而是按笔画取码。横、竖、撇、捺、折五种笔画的取码即各区的第一个字母。

下面是几个成字字根的编码：

五(GGHG)　　雨(FGHY)　　二(FGG)　　厂(DGT)　　米(OYTY)

乃(ETN)　　早(JHNH)　　马(CNNG)　　八(WTY)　　小(IHTY)

3. 五种单笔画的录入

单笔画横"一"、"丨"、"丿"、"丶"及汉字"乙"(单笔画折的代表)都是只有一笔的成字字根。而这些不能使用键面字的录入原则，所以，特别规定了五个笔画的编码如下：

一(GGLL)　　丨(HHLL)　　丿(TTLL)　　丶(YYLL)　　乙(NNLL)

在这五个特殊的编码中，第一位为报户口，第二位为首笔码，由于再没有其他笔画，所以规定补打两次 L 键。

4. 键外字的录入

凡是五笔字型字根中没有的汉字，统称为"键外字"。这些汉字都是由"字根拼合而成的"，所以也称为"合体字"。

录入键外字时，分为以下几种情况：

第一，汉字拆分的字根数多于 4 个，称"多根字"，录入时取其第一、二、三、末四个字根。例如，攀：木乂乂手(SQQR)；擦：扌宀夊小(RPWI)。

第二，汉字拆分的字根数刚好 4 个，称"四根字"，录入时依照书写顺序取第一、二、三、四字根。例如，照：日刀口灬(JVKO)；书：乙乙丨丶(NNHY)。

第三，汉字拆分的字根数不足 4 个，在字根输入完之后，要补一个"末笔画字型识别码"，简称"识别码"。这样，三个字根的汉字正好变成 4 码，二个字根的汉字变成 3 码，仍不足 4 码，则补打空格键，表示该字编码结束。

为什么要使用末笔画字型识别码呢？我们知道，同样两个字根可能拼合成不同的汉字，例如，"口"和"八"上下排列为"只"，左右排列为"叭"等。因此，向计算机中录入汉字时，除了键入字根外，还要告诉计算机键入的字根是以什么方式排列的，即补充键入一个"字型信息"——末笔画字型识别码。识别码的作用就是减少重码率，加快录入速度。例如，不加识别码时，"沓、旯、旭"三个字是重码的，加识别码后就区分开了。

"末笔画字型识别码"是由末笔画编号(横 1、竖 2、撇 3、捺 4、折 5)加字型编号(左右型 1、上下型 2、杂合型 3)而构成的一个附加码，该附加码与键位对应，如表 3-7 所示。

表3-7 末笔画字型识别码

笔画 \ 字型		左右型 1	上下型 2	杂合型 3
横	1	11G 一	12F 二	13D 三
竖	2	21H 丨	22J 刂	23K 川
撇	3	31T 丿	32R 彡	33E 彡
捺	4	41Y 丶	42U 丷	43I 氵
折	5	51N 乙	52B 巛	53V 巛

说明：第一，只有不足 4 码的汉字才需要使用识别码；第二，"识别码"是对键外字而言的，键面字即使不够4码也不加识别码，而是补加空格。

关于末笔画的判别有如下规定，这些规定可以使取码简单、明确：

第一，末字根为"力、刀、九、匕"等时，一律认为末笔画为折。

第二，关于"包围字"的末笔画，以去掉外围部分后，剩余部分的末笔为末笔。例如，"进、逗、远"等字，不以"走之"的末笔为末笔，而是约定以去掉"走之"部分后的末笔为整个字的末笔；同理，"团、国、园、哉"等也是如此。

第三，"我、戋、成、咸"等字的末笔取撇"丿"。

5. 五笔字型拆字歌诀

前面介绍了不同类型汉字的录入方法，总结起来，可以用以下歌诀概括：

五笔字型均直观，依照笔顺把码编；

键名汉字打四下，基本字根请照搬；

一二三末取四码，顺序拆分大优先；

不足四码要注意，交叉识别补后边。

歌诀中包括了以下原则：

第一，取码顺序。依照从左到右、从上到下、从外到内的书写顺序。

第二，键名字的录入方法。

第三，字根数为 4 或大于 4 时，按一、二、三、末字根顺序取码。

第四，不足 4 个字根时，输完字根码后要在尾部补上末笔识别码。

第五，"基本字根请照搬"句和"顺序拆分大优先"是拆分原则。也就是说，在拆分汉字时以基本字根为单位，并且"取大优先"，尽可能先拆出笔画最多的字根。

3.5.5　简码输入法

为了减少敲击键的次数，在不引起重码的情况下，五笔字型又规定了若干简码字，即用尽可能少的编码来完成汉字的录入，其中包括一级简码、二级简码、三级简码。

1．一级简码

一级简码即高频字。键盘上五个区中的 25 个键位，每个键位上都安排了一个最常用的高频汉字，共有 25 个汉字获得此殊荣，如图 3-41 所示。

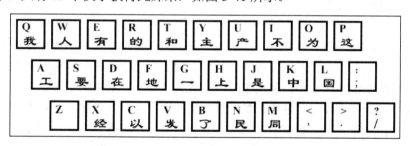

图 3-41　一级简码

这 25 个一级简码汉字的输入方法是：敲击所在的键＋空格键。

2．二级简码

二级简码由单字全码的"前两个字根码"组成。25 个键位共有两码的组合数是 25×25＝625 个。

二级简码汉字的输入方法是：取其单字全码的前两个字根＋空格键。所有的二级简码汉字如下：

		G F D S A	H J K L M	T R E W Q	Y U I O P	N B V C X
		11———15	21———25	31———35	41———45	51———55
G	11	五于天末开	下理事画现	玫珠表珍列	玉平不来	与屯妻到互
F	12	二寺城霜载	直进吉协南	才垢圾夫无	坟增吉赤过	志地雪支
D	13	三夺大厅左	丰百右历面	帮原胡春克	太磁砂灰达	成顾肆友龙
S	14	本村枯林械	相查可楞机	格析极检构	术样档杰棕	杨李要权楷
A	15	七革基苛式	牙划或功贡	攻匠菜共区	芳燕东 芝	世节切芭药
H	21	睛睦睚盯虎	止旧占卤贞	睡睥肯具餐	眩瞳步眯瞎	卢 眼皮此
J	22	量时晨果虹	早昌蝇曙遇	昨蝗明蛤晚	景暗晃显晕	电最归紧昆
K	23	呈叶顺呆呀	中虽吕另员	呼听吸只史	嘛啼吵噗喧	叫啊哪吧哟
L	24	车轩因困轵	四辊加男轴	力斩胃办罗	罚较 辚边	思团轨轻累
M	25	同财央朵曲	由则 崭册	几贩骨内风	凡赠峭赚迪	岂邮 凤嶷
T	31	生行知条长	处得各务向	笔物秀答称	入科秒秋管	秘季委么第
R	32	后持拓打找	年提扣押抽	手折扔失换	扩拉朱搂近	所报扫反批
E	33	且肝须采肛	胖胆肿肋骨	用遥朋脸胸	及胶膛膦爱	甩服妥肥脂
W	34	全会估休代	个介保佃仙	作伯仍从你	信们偿伙	亿他分公化
Q	35	钱针然钉氏	外旬名甸负	儿铁角欠多	久匀乐炙锭	包凶争色
Y	41	主计庆订度	让刘训为高	放诉衣认义	方说就变这	记离良充率
U	42	闰半关亲并	站间部曾商	产瓣前闪交	六立冰普帝	决闻妆冯北
I	43	汪法尖洒江	小浊澡渐没	少泊肖兴光	注洋水淡学	沁池当汉涨
O	44	业灶类灯煤	粘烛炽烟灿	烽煌粗粉炮	米料炒炎迷	断籽娄烃糨
P	45	定守害宁宽	寂审宫军宙	客宾家空宛	社实宵灾之	官字安 它
N	51	怀导居 民	收慢避惭届	必怕 愉懈	心习悄屡忱	忆敢恨怪尼
B	52	卫际承阿陈	耻阳职阵出	降孤阴队隐	防联孙耿辽	也子限取陛
V	53	姨寻姑杂毁	叟旭如舅妯	九 奶 婚	妨嫌录灵巡	刀好妇妈姆
C	54	骊对参骤戏	骒台劝观	矣牟能难允	驻骈 驼	马邓艰双
X	55	线结顷 红	引旨强细纲	张绵级给约	纺弱纱继综	纪弛绿经比

3. 三级简码

三级简码由单字全码的"前三个字根码"组成。只要一个字的前三个字根在整个编码体系中是唯一的，该汉字就被选作三级简码。

三级简码汉字约有 4400 个，其录入方法是：取其前三个字根＋空格键。

虽然看来也敲击 4 下，并没有减少敲击键的次数，但由于省略了最末一个字根码或识别码，而以空格键代替，所以同样可以达到提高输入速度的目的。

有了一级、二级、三级简码，那么，个别汉字可能有几种录入方法。例如，"经"字就同时有一、二、三级简码及单字全码 4 种不同的编码：

(1) 经：(X　　)；

(2) 经：(XC　)；

(3) 经：(XCA)；

(4) 经：(XCAG)。

3.5.6　词组输入法

为了提高录入速度，五笔字型允许以词组的方式录入汉字。五笔字型采用"字词兼容"的输入方式，即看到字就打字，看到词就打词，而且无论是两字词、三字词、四字词，还是多字词，所有编码一律为四码。

1. 两字词的输入

两字词在汉语词汇中占有相当大的比重。两字词的录入规则为分别取两个字的前两个字根码。例如，汉字：氵又宀子(ICPB)；机器：木几口口(SMKK)；操作：扌口亻亻(RKWT)；实践：宀丷口止(PUKH)。

2. 三字词的输入

对于三字词的输入，前两个字各取其第一个字根，最后一个字取其前两个字根。例如，计算机：讠竹木几(YTSM)；操作员：扌亻口贝(RWKM)；解放军：⺈方冖车(QYPL)。

应该特别注意的是：当"键名字"和"成字字根"参与词组时，一定要从它的全码中取码。例如，接班人：扌王人人(RGWW)；自行车：丿彳车一(TTLG)。

3. 四字词的输入

四字词的录入规则为每个字各取其第一个字根。例如，五笔字型：五竹宀一(GTPG)；科学技术：禾丷扌木(TIRS)。

4. 多字词的输入

多字词的录入规则为取第一、二、三、最末一个汉字的第一个字根。例如，电子计算机：日子讠木(JBYS)；中华人民共和国：口亻人口(KWWL)。

　　词组的编码规则很简单，甚至于比单字编码还容易掌握。提高词组输入速度的关键在于熟悉计算机内存储了哪些词组，要经常阅读和练习输入这些词组，以便于在见到该词组时就能用词组方式而不是用单字方式录入。

第 4 章

妥善保管电脑中的资源

本 章 要 点

- 认识文件与文件夹
- 浏览电脑中的文件
- 管理电脑中的文件
- 使用回收站
- 文件与文件夹的设置

电脑就是一个"数码大仓库"，我们平时处理的各种各样的数据，例如电影、照片、音乐、文本文件、安装的各种程序等等，会随着时间的推移越来越多；如果不会管理，也会越来越乱，这样势必会影响电脑的正常使用。所以，我们必须学会管理电脑中的资源，既要做到安全妥善，又要做到有条不紊。

4.1 认识文件与文件夹

要学会管理电脑中的资源，我们需要首先明确两个概念，即文件与文件夹。这是电脑中非常重要的两个元素，管理电脑资源实际上也就是对它们的管理，任何一项操作都离不开文件与文件夹。下面就介绍什么是文件与文件夹。

4.1.1 什么是文件

在日常生活中，文件通常是指某种重要的"公文"或办公资料。而在电脑中，文件是指被赋予名称并存储于磁盘中的信息集合，例如，一个程序可以是一个文件，一段文字、一幅照片、一段声音等也可以是一个文件。所以文件是各种各样的，既可以是各类文档，也可以是应用程序。

4.1.2 什么是文件夹

由于电脑中的文件特别多，为了能够有效地管理好它们，就需要将它们分门别类地存放，这时就用到了"文件夹"，它与生活中抽屉的功能类似。科学地讲，文件夹是用于组织与管理文件的工具，它既可以放置文件、子文件夹，也可以组织打印机、字体以及回收站中的内容等资源。

实际上，文件夹的概念是非常形象的，它与传统办公中的文件夹很相似，打开它可以看到其中包含着各种文件或者子文件夹；关闭它时只显示一个文件夹图标，如图 4-1 所示。

为了便于管理文件，用户可以将自己的文件保存到某个文件夹中，但是自己要做到心中有数，以便将来查找与使用。

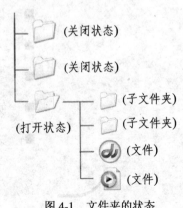

图 4-1　文件夹的状态

4.1.3 文件的名称与类型

为了能够区分不同的文件与文件夹，每个文件或文件夹都要有一个名字，称为文件名或文件夹名。

文件夹名比较简单，只需要一个易于判别的名称即可。但是文件名除要尽量简短、能够清楚地表达文件的内容之外，还需要遵循一些规则：

➥ Windows XP 支持长文件名，文件名最多可以使用 265 个字符。

➥ 文件名中除开头外都可以包括空格。

➥ 文件名不能包括 ？、\、*、"、<、> 等符号。

➥ 在文件名中可以指定文件名的大小写格式，但是不能利用大小写来区别文件名。

文件名一般由两部分组成，即名称和扩展名，名称和扩展名之间用圆点"."分开。如"简历.doc"，其中"简历"为名称，而".doc"则为扩展名，它代表了文件的类型。一般情况下，文件名称由用户自己定义，而扩展名则由创建文件的应用程序自动创建。下面以列表的形式介绍一些常见文件的扩展名及其所代表的类型，如表 4-1 所示。

表 4-1 常见文件的扩展名及其所代表的类型

扩展名	图标	文件类型
txt		纯文本文件
doc 或 docx		Word 文件
xls 或 xlsx		Excel 文件
ppt		PowerPoint 文件
exe		可执行文件，不同程序的可执行文件图标是不同的
bmp		Windows 位图文件
jpg		压缩图像文件，通用的图像文件格式
wav		声音文件
avi		视频文件
chm		已编译的 HTML 文件，多为帮助文件或电子书
dll		动态链接文件

重点提示

文件的扩展名代表了文件的类型，同一种类型的文件，其图标不一定相同，这与电脑上安装的相关软件有关，所以，判定文件的类型要以扩展名为准，因为图标是可以更改的。

4.1.4 文件夹树与路径

由于文件夹与文件、文件夹与文件夹之间是包含与被包含的关系，这样一层一层地包含下去，就形成了一个树状的结构。我们把这种结构称为"文件夹树"。其中"树根"就是我的电脑(或者说是电脑中的磁盘)，而"树枝"就是各级文件夹或文件。

Windows 的所有操作都是在桌面上进行的，所以，我们可以将桌面看做是一个观察电脑内部资源的窗口，透过这个窗口向内看，能够清晰地看到这种树状结构，如图 4-2 所示。

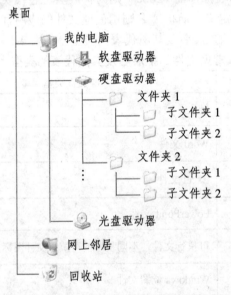

图 4-2 文件夹树示意图

特别强调一下，在上面这个图中，桌面并不是文件夹树的"根"，它只是一个用来工作的窗口；文件夹树的"根"是电脑中的磁盘(软盘、硬盘或光盘)。

路径用于指定文件在文件夹树中的位置。例如，对于电脑中的文件，我们应该指出它位于哪一个磁盘驱动器下，哪一个文件夹下，以及哪一个子文件夹下……依此类推，一直到指向最终包含该文件的文件夹，这一系列的驱动器号和文件夹名就构成了文件的路径。

电脑中的路径以反斜杠"\"表示，例如，有一个名称为"photo.jpg"的文件，位于 C盘的"图像"文件夹下的"照片"子文件夹中，那么它的路径就可以写为"C：\图像\照片

\ photo.jpg"。

📖 4.2　浏览电脑中的文件

Windows XP 为用户提供了专门用于查看与管理电脑资源的工具，即资源管理器。通过它可以方便地查看文件，还可以更改视图方式与排列顺序等。

4.2.1　认识资源管理器

资源管理器是一个管理文件和磁盘的强大工具，是 Windows XP 中非常重要的一个应用程序。下面详细介绍一下资源管理器的结构组成。

1. 启动资源管理器

在 Windows XP 中，【我的电脑】窗口和【资源管理器】窗口基本上是相同的，其功能也是一样的。因此，当打开【我的电脑】窗口时，实际上也就相当于打开了【资源管理器】窗口。

启动资源管理器的方法很多，这里介绍两种方法。

方法一：单击屏幕左下角的 ![开始] 按钮，从打开的菜单中选择【所有程序】/【附件】/【Windows 资源管理器】命令，即可打开资源管理器，如图 4-3 所示。

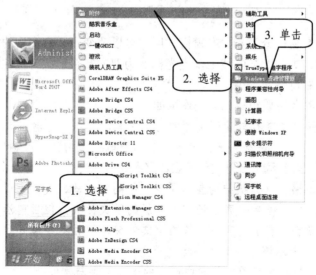

图 4-3　打开资源管理器

方法二：在 ❤️开始 按钮或在桌面上的"我的电脑"、"回收站"、"我的文档"、"网上邻居"等图标上单击鼠标右键，从弹出的快捷菜单中选择【资源管理器】命令，也可以打开资源管理器。

2. 认识资源管理器

【资源管理器】窗口的名称并不是"资源管理器"，而是当前驱动器或文件夹的名称，如图 4-4 所示。

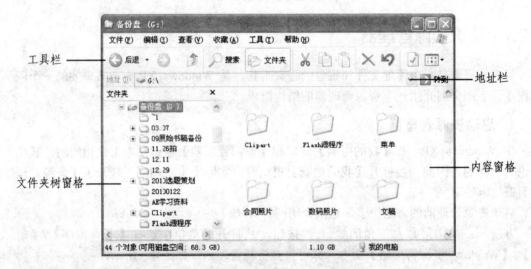

图 4-4 【资源管理器】窗口

【资源管理器】窗口分为左、右窗格，用户可以改变左、右窗格的大小。将光标指向【资源管理器】窗口中间的分隔线上，当光标变为双向箭头形状时按住鼠标左键拖动分隔线，即可改变左、右窗格的大小。

【资源管理器】各主要组成部分的作用如下：

➤ **工具栏**：提供了查看与管理文件的常用工具，其中，查看工具有后退 ⚪后退、前进 ⚪、向上 📁、搜索 🔍搜索、查看 📰等；管理工具有复制 📄、剪切 ✂、删除 ✕、撤销 ↺等。

➤ **地址栏**：这里显示了当前文件所在的路径。

➤ **文件夹树窗格**：以树状结构显示了电脑中的驱动器、文件夹以及其他资源。如果文件夹图标前面有"+"符号，表示还有下一级的子文件夹，但目前没展开；如果文件夹图标前面有"−"符号，表示还有下一级的子文件夹，而且已经展开；如果文件夹图标前面什么符号也没有，表示该文件夹下不含有子文件夹。

➤ **内容窗格**：显示了当前文件夹中包含的子文件夹与文件。

4.2.2　浏览与搜索文件

在资源管理器中浏览文件时，主要操作都在文件夹树窗格，而内容窗格则用于查看文件。如果已知文件名称与位置，可以按照下述步骤进行操作。

假设浏览 C:\Program Files\Movie Maker\Shared 下的 Sample1.jpg 文件。

步骤 1：在桌面的"我的电脑"图标上单击鼠标右键，在弹出的快捷菜单中单击【资源管理器】命令，如图 4-5 所示。

步骤 2：单击 C 盘前面的"+"号，则在文件夹树窗格中展开了 C 盘中的内容，同时"+"号变成"−"号，如图 4-6 所示。

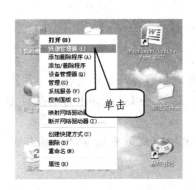

图 4-5　打开资源管理器

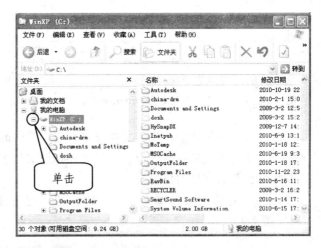

图 4-6　展开 C 盘

重点提示

在文件夹树窗格中进行操作时，单击鼠标的位置不同，操作结果也不同。单击"+"号只是展开 C 盘的树结构；而单击 C 盘，则在展开 C 盘的同时，右侧窗格中还将显示 C 盘的内容。对其他文件夹而言，也是如此。

步骤 3：继续依次单击 Program Files 文件夹与 Movie Maker 文件夹前面的"+"号，将它们展开，如图 4-7 所示。

步骤 4：在文件夹树窗格中单击 Shared 文件夹，这时右侧的内容窗格中将显示该文件夹下的子文件夹与文件，从而找到"Sample1.jpg"文件，达到浏览文件的目的，如图 4-8 所示。

图 4-7 继续展开子文件夹

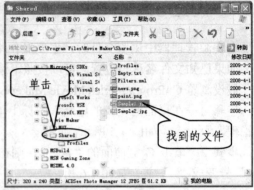
图 4-8 查看到目标文件

通过前面的操作，我们查找到了目标文件，实际上，这也是浏览文件的一般方法。在地址栏中会显示出目标文件的完整路径，对于上面的例子而言，路径是 C:\Program Files\Movie Maker\Shared。

重点提示

有些时候，由于我们操作的文件过多，或搁置时间较长，很容易忘记以前存放文件的位置。如果忘记了文件存放的位置，但是还知道文件名称，这时可以按照如下方法搜索文件，从而达到查看文件的目的。

步骤 1：在资源管理器中单击 搜索 按钮，这时文件夹树窗格就变成了"搜索任务栏"，如图 4-9 所示。

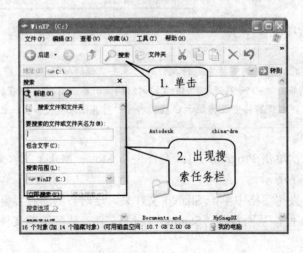

图 4-9 打开搜索任务栏

步骤 2：在【要搜索的文件或文件夹名为】文本框中输入要搜索的文件名称，如"Sample1.jpg"，然后在【搜索范围】文本框中选择"我的电脑"，这样可以进行整机搜索，再展开【搜索选项】，勾选其中的【高级选项】，如图4-10所示。

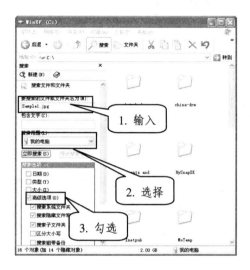

图 4-10　输入搜索目标与范围

步骤 3：单击"搜索任务栏"下方的 立即搜索(S) 按钮，则开始搜索，状态栏会显示搜索进程，右侧的内容窗格显示"正在搜索"字样，如图4-11所示。

步骤 4：搜索完成后，所有的搜索结果会显示在内容窗格中，如图4-12所示。

图 4-11　搜索正在进行

图 4-12　搜索结果

4.2.3　改变视图方式

在资源管理器中，文件和文件夹通过图标来表示，即用图标显示文件和文件夹，用户可以选择"大图标"、"小图标"、"列表"和"详细资料" 4 种显示方式，具体操作方法如下：

步骤 1：打开资源管理器。

步骤 2：打开【查看】菜单，选择其中的一种显示方式，如图 4-13 所示。在工具栏中单击"查看"按钮 ，可以打开一个按钮菜单，从中也可以选择图标的显示方式，如图 4-14 所示。两种操作方式的结果是一样的。

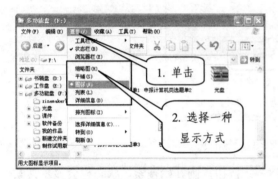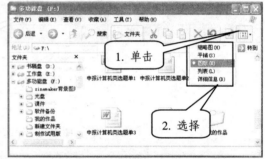

图 4-13　通过菜单改变视图方式　　　　图 4-14　通过按钮改变视图方式

➥　**缩略图**：这种显示方式一般用于图片、影像类型的文件，可以直接预览效果。

➥　**平铺**：这种显示方式使文件与文件夹以较大的图标，按照从左到右的顺序排列，文件名显示在图标右侧。

➥　**图标**：这种显示方式与【平铺】方式基本相同，但是文件名显示在图标的下方。

➥　**列表**：这种显示方式使文件与文件夹以较小的图标显示，按照从上到下的顺序排列。

➥　**详细信息**：这种显示方式仍然使文件与文件夹以列表的方式显示，而且还显示了文件的修改日期、大小、文件类型等信息。

4.2.4　改变排列顺序

在资源管理器的内容窗格中，文件与文件夹的排列顺序是可以改变的，既可以按照修改时间排列，也可以按照名称、大小、类型等排列，具体操作步骤如下：

步骤 1：打开资源管理器。

步骤 2：单击菜单栏中的【查看】/【排列图标】命令，然后在右侧的子菜单中选择排列方式，如图 4-15 所示。另外，也可以在内容窗格的空白处单击鼠标右键，在弹出的快捷菜单中选择【排列图标】命令，然后在其子菜单中选择排列方式，如图 4-16 所示。

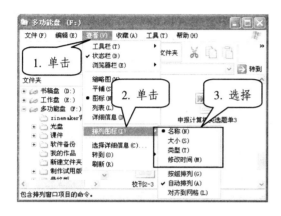

图 4-15　使用菜单改变排列顺序　　　　图 4-16　使用快捷菜单改变排列顺序

4.3　管理电脑中的文件

管理文件的操作包括选择、创建、删除、移动、复制等，这些操作也是在资源管理器中进行的。通过有效地管理文件，可以让电脑中的文件更加井然有序。本节中我们将详细介绍文件与文件夹的管理常识。

4.3.1　创建文件与文件夹

当用户需要保存文件或者对文件进行分类管理时，就会涉及到创建文件与文件夹。在 Windows XP 操作系统下，用户可以根据需要自由创建文件与文件夹。

1. 创建文件夹

文件夹的作用就是存放文件，可以对文件进行分类管理。创建新文件夹的操作方法如下：

步骤 1：打开资源管理器。

步骤 2：在文件夹树窗格中选择要在其中创建新文件夹的磁盘或文件夹。

步骤 3：单击菜单栏中的【文件】/【新建】/【文件夹】命令，即可在指定位置创建一个新的文件夹，如图 4-17 所示。

步骤 4：创建了新的文件夹后，可以直接键入文件夹名称，按下回车键或在名称以外的位置处单击鼠标，即可确认文件夹的名称，如图 4-18 所示。

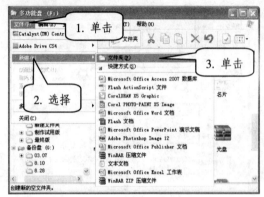

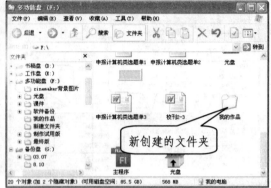

图 4-17 创建文件夹的命令　　　　　　　　　图 4-18 新创建的文件夹

重点提示

另外，还有两种创建文件夹的方法：一是在资源管理器内容窗格中的空白位置处单击鼠标右键，从弹出的快捷菜单中选择【新建】/【文件夹】命令；二是单击工具栏中的 [文件夹] 按钮，打开系统任务窗格，单击"创建一个新文件夹"文字链接。

2. 创建新文件

通常情况下，不需要在 Windows XP 操作环境下直接创建新文件，而是先启动相应的应用程序，再通过单击【文件】/【新建】命令创建新文件，然后将其保存，这样就可以在资源管理器下看到新生成的文件。

但是，在 Windows XP 操作环境下也可以创建新文件。下面以创建文本文件为例，介绍创建新文件的具体操作方法。

步骤 1：打开资源管理器。

步骤 2：切换到存放文件的目标位置，可以是磁盘或文件夹。

步骤 3：可以通过两种方法来创建，一是单击菜单栏中的【文件】/【新建】/【文本文档】命令，如图 4-19 所示；二是在内容窗格的空白位置处单击鼠标右键，从弹出的快捷菜单中选择【新建】/【文本文档】命令，如图 4-20 所示。

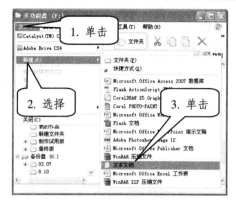

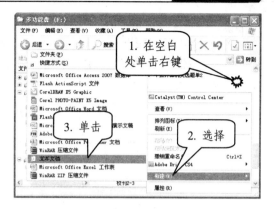

图 4-19　使用菜单创建新文件　　　　图 4-20　使用快捷菜单创建新文件

步骤 4：创建了新文件之后，可以直接键入其名称。双击它，则可以在相应的程序中打开该文件(本例中的文本文件将在记事本程序中打开)，进行必要的编辑操作。

4.3.2　选择文件与文件夹

对文件与文件夹进行操作前必须先选定操作对象。如果要选定某个文件或文件夹，只需用鼠标在资源管理器中单击该对象即可将其选定，这时选定的文件或文件夹将反白显示(即蓝底白字)。

1. 选定多个相邻的文件或文件夹

要选定多个相邻的文件或文件夹，有两种方法可以实现。最简单的方法是直接使用鼠标进行框选，这时被鼠标框选的文件或文件夹将同时被选择，如图 4-21 所示。

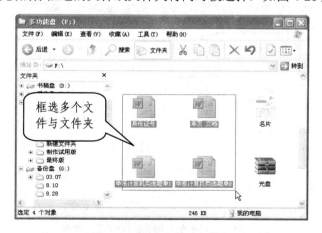

图 4-21　框选文件或文件夹

另外一种选定多个相邻的文件或文件夹的方法如下：

步骤 1：单击要选定的第一个文件或文件夹。

步骤 2：按住 Shift 键的同时，单击要选定的最后一个文件或文件夹，这时两者之间的所有文件或文件夹均被选择，如图 4-22 所示。

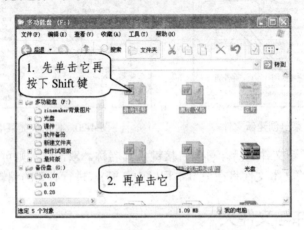

图 4-22　选择多个相邻的文件或文件夹

2. 选定多个不相邻的文件或文件夹

要选定多个不相邻的文件或文件夹，可以按照下述步骤操作。

步骤 1：单击要选定的第一个文件或文件夹。

步骤 2：按住 Ctrl 键的同时分别单击其他要选定的文件或文件夹，即可选定多个不相邻的文件或文件夹，如图 4-23 所示。

图 4-23　选定多个不相邻的文件或文件夹

步骤 3：如果不小心多选择了某个文件，可以在按住 Ctrl 键的同时继续单击该文件，则可以取消对该文件的选择。

重点提示　　在资源管理器中选择了部分文件或文件夹后，单击菜单栏中的【编辑】/【反向选择】命令，可以反向选择其他的文件或文件夹，即原来选择的文件被取消，而未被选择的文件被选中。

3. 选定全部文件与文件夹

如果要在某个文件夹下选择全部的文件与子文件夹，可以单击菜单栏中的【编辑】/【全部选定】命令，或者按下 Ctrl+A 键。

4.3.3　复制文件与文件夹

复制文件或文件夹是最常用的一种操作，在 Windows XP 中，这种操作非常简便。可以用鼠标拖动直接完成，也可以通过菜单栏进行操作。

1. 使用拖动鼠标的方法复制

如果要通过拖动鼠标复制文件和文件夹，可以按照下述步骤操作。

步骤 1：选择要复制的文件或文件夹。

步骤 2：将光标指向所选的文件或文件夹，然后按住 Ctrl 键的同时向目标文件夹拖动，这时光标的右下角出现一个"+"号，表示现在是复制文件。当光标拖动到目标文件夹右侧时，则该文件夹将反白显示，如图 4-24 所示。

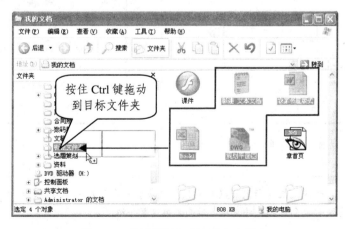

图 4-24　拖动鼠标复制文件和文件夹

步骤 3：释放鼠标左键，再松开 Ctrl 键，则所选的文件或文件夹就复制到了目标文件夹中。

2. 使用【复制】与【粘贴】命令

如果要使用【复制】与【粘贴】命令复制文件和文件夹，可以按照下述步骤操作。

步骤 1：选择要复制的文件或文件夹。

步骤 2：单击菜单栏中的【编辑】/【复制】命令，则所选的文件或文件夹就被送到了 Windows 剪贴板中。

步骤 3：选择目标文件夹。

步骤 4：单击菜单栏中的【编辑】/【粘贴】命令，即可完成文件或文件夹的复制。

3. 使用【复制到文件夹】命令

除了前面介绍的两种方法之外，用户还可以利用【编辑】/【复制到文件夹】命令复制文件或文件夹，具体操作步骤如下：

步骤 1：选择要复制的文件或文件夹。

步骤 2：单击菜单栏中的【编辑】/【复制到文件夹】命令，如图 4-25 所示。

步骤 3：在弹出的【复制项目】对话框中选择目标文件夹，如图 4-26 所示。如果没有目标文件夹，也可以单击 新建文件夹(M) 按钮，创建一个新目标文件夹。

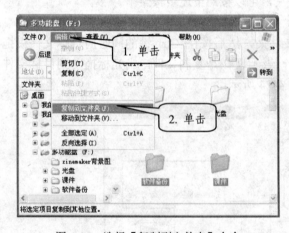

图 4-25　选择【复制到文件夹】命令

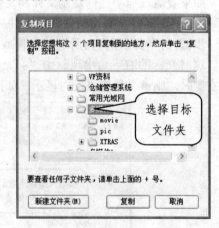

图 4-26　选择目标文件夹

重点提示

如果这里执行的是【移动到文件夹】命令，则可以将选择的文件或文件夹移动到目标文件夹中，后面不再重复介绍。

步骤 4：单击 复制 按钮，会在弹出的【正在复制】消息框中显示复制操作的进程与剩余时间，如图 4-27 所示。该消息框消失后，即可完成复制操作。

图 4-27　【正在复制】消息框

4.3.4　移动文件与文件夹

移动和复制操作基本相同，只不过两者完成的任务不同。复制是创建一个文件或文件夹的副本，原来的文件或文件夹仍存在；移动就是将文件或文件夹从原来的位置移走，放到一个新的位置。

1. 使用拖动的方法移动

如果要使用鼠标移动文件和文件夹，可以按照下述步骤操作。

步骤 1：选择要移动的文件或文件夹。

步骤 2：将光标指向所选的文件或文件夹上，按住鼠标左键向目标文件夹拖动，当光标移动到目标文件夹右侧时该文件夹反白显示。如果目标文件夹与移动的文件或文件夹不在同一个磁盘上，需要按住 Shift 键后再拖动鼠标。

步骤 3：释放鼠标左键，即可完成文件或文件夹的移动操作。

2. 使用【剪切】与【粘贴】命令

如果要使用菜单命令移动文件和文件夹，可以按照下述步骤操作。

步骤 1：选择要移动的文件或文件夹。

步骤 2：单击菜单栏中的【编辑】/【剪切】命令，将所选的内容送至 Windows 剪贴板中。

步骤 3：选择目标文件夹。

步骤 4：单击菜单栏中的【编辑】/【粘贴】命令，则所选的内容将被移动到目标文件夹中。

使用菜单命令复制(或移动)文件和文件夹是最容易理解的操作。除此之外，也可以在快捷菜单中执行【复制】、【剪切】与【粘贴】命令，当然，还可以单击工具栏中的"复制"按钮、"剪切"按钮与"粘贴"按钮。

重点提示

4.3.5　删除文件与文件夹

经过长时间的工作，电脑中总会出现一些没用的文件。这样的文件多了，就会占据大量的磁盘空间，影响电脑的运行速度。因此，对于一些不再需要的文件或文件夹，应该将它们从磁盘中删除，以节省磁盘空间，提高计算机的运行速度。

删除文件或文件夹的操作步骤如下：

步骤 1：选择要删除的文件或文件夹。

步骤 2：按下 Delete 键，或者单击菜单栏中的【文件】/【删除】命令，则会弹出【确认文件删除】对话框，如图 4-28 所示。

步骤 3：单击 是(Y) 按钮，则将文件删除到回收站中。如果删除的是文件夹，则它所包含的子文件夹和文件将一并被删除。

图 4-28　【确认文件删除】对话框

值得注意的是，从软盘、U 盘、可移动硬盘、网络服务器中删除的内容将直接被删除，回收站不接收这些文件。另外，当删除的内容超过回收站的容量或者回收站已满时，这些文件将直接被永久性删除。

重点提示

4.3.6　重命名文件与文件夹

在管理文件与文件夹时，应该根据其内容进行命名，这样可以通过名称判断文件的内容。如果需要更改已有文件或文件夹的名称，可以按照如下步骤进行操作。

步骤 1：选择要更改名称的文件或文件夹。

步骤 2：使用下列方法之一激活文件或文件夹的名称。

➥　单击文件或文件夹的名称。

➥　单击菜单栏中的【文件】/【重命名】命令。

➥　在文件或文件夹名称上单击鼠标右键，从弹出的快捷菜单中选择【重命名】命令。

↪ 按下 F2 键。

步骤 3：输入新的名称，然后按下回车键确认。在输入新名称时，扩展名不要随意更改，否则会影响文件的类型，导致打不开文件。

重点提示　在 Windows XP 中，用户可以对文件或文件夹进行批量重命名。选择多个要重命名的文件或文件夹，在所选对象上单击鼠标右键，从弹出的快捷菜单中选择【重命名】命令，输入新名称后按下回车键，则所有被选择的文件或文件夹都将使用键入的新名称按顺序命名。

4.4 使用回收站

回收站可以看做是办公桌旁边的废纸篓，只不过它回收的是硬盘驱动器上的内容。只要没有清空回收站，我们就可以查看回收站中的内容，并且可以将其还原。但是一旦清空了回收站，其中的内容将永久性消失，不可以还原。

4.4.1 还原被删除的文件

如果要将已删除的文件或文件夹从回收站还原，可以按如下步骤操作。

步骤 1：双击桌面上的回收站图标，打开【回收站】窗口，该窗口中显示了回收站中的所有内容。

步骤 2：如果要全部还原，则不需要作任何选择，单击左侧的"还原所有项目"文字链接即可，如图 4-29 所示。

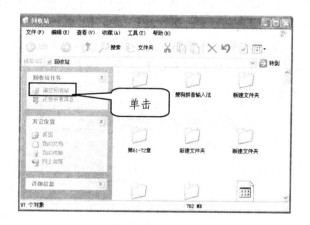

图 4-29　还原所有项目

步骤 3：如果只需要还原一个或几个文件，则在【回收站】窗口中选择要还原的文件或文件夹，然后单击菜单栏中的【文件】/【还原】命令(或者在所选内容上单击鼠标右键，从弹出的快捷菜单中选择【还原】命令)，就可以将删除的文件还原，如图 4-30 所示。

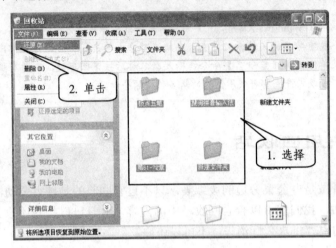

图 4-30　还原文件的操作

重点提示

在回收站中，文件与文件夹的还原遵循 "哪儿来哪儿去" 的原则，即文件或文件夹原来是从哪个位置删除的，还原的时候还回到哪个位置去。

4.4.2　彻底删除文件

实际上，被删除到回收站中的文件并没有真正删除，它仍然占据着磁盘空间，如果用户希望彻底地删除文件，释放磁盘空间，可以按如下步骤操作。

步骤 1：在【回收站】窗口中选择要删除的文件或文件夹。

步骤 2：单击菜单栏中的【文件】/【删除】命令，或者直接按下 Delete 键，则弹出一个提示信息框，如图 4-31 所示。

图 4-31　提示信息框

步骤 3：单击 ▭是(Y)▭ 按钮，即可彻底从硬盘中删除所选的文件或文件夹。

4.4.3　清空回收站

当用户确信回收站中的某些或全部信息已经无用时，可以将这些信息彻底删除。如果要清空整个回收站，可以按如下步骤操作。

步骤 1：双击桌面上的回收站图标，打开【回收站】窗口。

步骤 2：单击菜单栏中的【文件】/【清空回收站】命令，或者单击左侧的"清空回收站"文字链接，如图 4-32 所示。

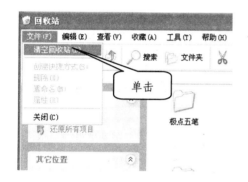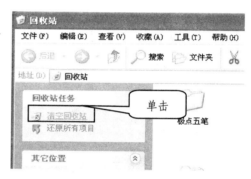

图 4-32　清空回收站的操作

步骤 3：这时会弹出一个提示信息框，要求用户进行确认，单击 ▭是(Y)▭ 按钮，即可清空回收站，将文件或文件夹彻底从硬盘中删除，如图 4-33 所示。

还有一种更快速的清空回收站的方法，即直接在桌面上的回收站图标上单击鼠标右键，在弹出的快捷菜单中选择【清空回收站】命令，如图 4-34 所示。

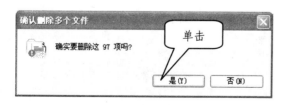

图 4-33　提示信息框　　　　　图 4-34　在桌面上直接清空回收站

4.4.4 设置回收站的属性

前面介绍的回收站的操作是在默认情况下进行的，实际上我们可以自由地设置回收站的属性，让它更符合我们的个人习惯。

1. 更改文件的删除方式

如果不希望每次删除文件时都被移动到回收站，而是彻底删除，可以通过更改回收站的属性来实现。

步骤 1：在桌面上的回收站图标上单击鼠标右键，在弹出的快捷菜单中单击【属性】命令，如图 4-35 所示。

步骤 2：在【回收站属性】对话框中选择【全局】选项卡，勾选【删除时不将文件移入回收站，而是彻底删除】选项，然后单击 确定 按钮，如图 4-36 所示。

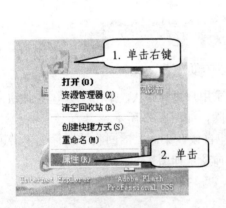

图 4-35　单击【属性】命令

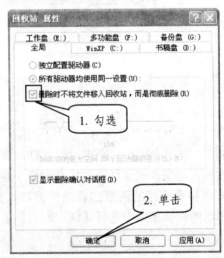

图 4-36　更改回收站的属性

重点提示　　虽然回收站的属性可以更改，但是不建议初学者随意更改，避免造成误删除文件后无法挽回的严重后果。

2. 更改回收站存储空间

默认情况下，回收站以硬盘容量的 10% 作为存储空间。打个通俗的比方：就是 10 平方米的房间划出 1 平方米的空间来存放垃圾。这个空间可以进行相应的设置。

在【回收站属性】对话框中选择【全局】选项卡，然后选择【所有驱动器均使用同一设置】选项，再拖动滑块选择每个驱动器的百分比即可，如图 4-37 所示。

如果要独立配置各驱动器的回收站存储空间，则选择【独立配置驱动器】选项，然后再切换到相应的磁盘选项卡中进行设置，如图 4-38 所示。

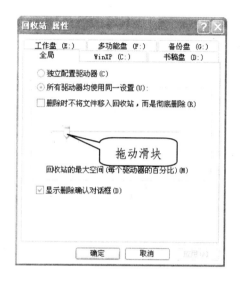
图 4-37　使用同一设置

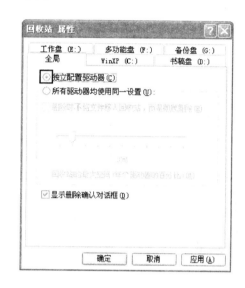
图 4-38　独立设置

4.5　文件与文件夹的设置

在 Windows XP 操作环境下，我们可以设置更多的文件与文件夹的属性，例如隐藏与显示、更改图标、扩展名的显示、打开文件夹的方式等等，本节将具体介绍如何设置文件与文件夹的相关属性。

4.5.1　更改文件的只读属性

Windows XP 操作系统的文件或文件夹属性共包含两种，即只读和隐藏。当文件的类型为只读类型时，用户只能对其浏览，而不能进行修改。如果要更改文件的属性，操作步骤如下：

步骤 1：打开资源管理器，并选择要更改属性的文件，然后单击菜单栏中的【文件】/【属性】命令；或者在文件上单击鼠标右键，在弹出的快捷菜单中选择【属性】命令，如

图 4-39 所示。

步骤 2：在弹出的【属性】对话框中，根据需要勾选【只读】或【隐藏】选项，然后单击 确定 按钮即可，如图 4-40 所示。

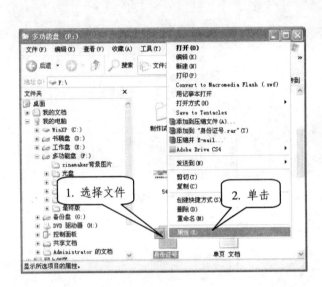

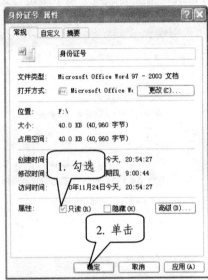

图 4-39　选择【属性】命令　　　　　图 4-40　【属性】对话框

重点提示　　如果磁盘格式为 FAT32 格式，则在【属性】对话框中还有【存档】属性，而 NTFS 格式则没有【存档】属性。另外，通过该对话框还可以了解更多的文件信息，包括位置、大小、占用空间，以及创建时间、修改时间与访问时间等。

4.5.2　更改文件夹的图标

通常情况下，计算机中的文件夹都显示为 🗀 图标，看起来比较直观，如果用户不喜欢这样的图标，可以为其设置个性化的图标，具体操作步骤如下：

步骤 1：在文件夹上单击鼠标右键，在弹出的快捷菜单中选择【属性】命令，如图 4-41 所示。

步骤 2：在打开的【属性】对话框中切换到【自定义】选项卡，然后再单击 更改图标(I)... 按钮，如图 4-42 所示。

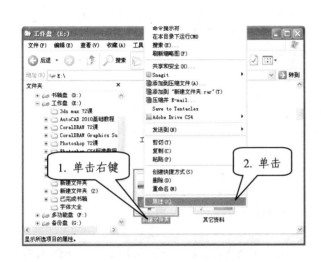

图 4-41　选择【属性】命令

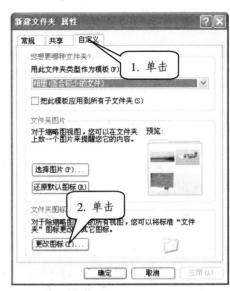

图 4-42　【属性】对话框

步骤 3：在弹出的【为文件夹类型……更改图标】对话框中，可以选择图标列表中提供的图标，也可以单击 [浏览(B)…] 按钮，如图 4-43 所示。

步骤 4：在弹出的对话框中选择所需要的图标，然后单击 [打开(O)] 按钮，如图 4-44 所示。

图 4-43　选择图标操作

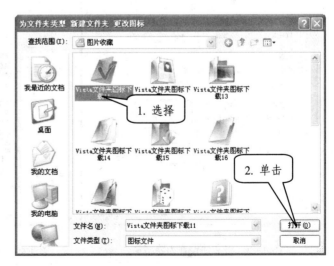

图 4-44　选择所需要的图标

步骤5：依次单击 确定 按钮，便更改了文件夹图标。

重点提示

如果要更换一些个性化的图标，需要到网络上去下载，也可使用图标制作软件图标。不过，对于初学者而言，下载图标是不错的选择。

4.5.3 隐藏重要的文件

对于电脑中的一些重要文件，如果不想让其他人看到，可以将其隐藏起来，需要的时候再将其显示出来。隐藏重要文件的操作方法如下：

步骤1：选择要隐藏的文件。

步骤2：在文件上单击鼠标右键，在弹出的快捷菜单中选择【属性】命令，并在弹出的【属性】对话框中选择【隐藏】选项，如图4-45所示。然后，单击 确定 按钮，则将该文件设置为隐藏文件。

步骤3：在资源管理器中单击菜单栏中的【工具】/【文件夹选项】命令，在弹出的【文件夹选项】对话框中切换到【查看】选项卡，在【高级设置】列表中选择【不显示隐藏的文件和文件夹】选项，如图4-46所示。

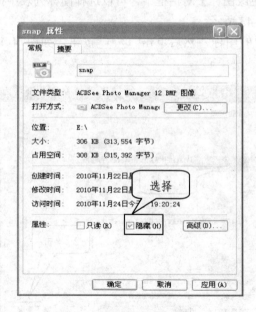

图4-45 将文件设置为隐藏文件

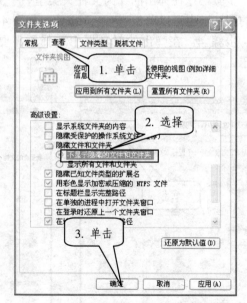

图4-46 设置不显示隐藏的文件和文件夹

步骤4：单击 确定 按钮，则计算机中所有具有隐藏属性的文件都不显示出来。

重点提示

如果要显示隐藏的文件，在【文件夹选项】对话框中选择【显示所有文件和文件夹】选项，然后确认，则隐藏的文件又显示出来，但是它们会以半透明的状态显示。

4.5.4 显示文件扩展名

一般情况下，电脑中的文件不显示扩展名，如果要显示文件的扩展名，可以按照如下方法操作。

步骤1：打开资源管理器。

步骤2：单击菜单栏中的【工具】/【文件夹选项】命令，如图4-47所示。

步骤3：在弹出的【文件夹选项】对话框中单击【查看】选项卡，在【高级设置】列表中取消勾选【隐藏已知文件类型的扩展名】选项，如图4-48所示。

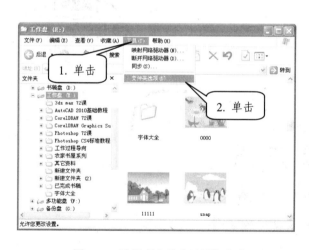

图4-47 选择【文件夹选项】命令

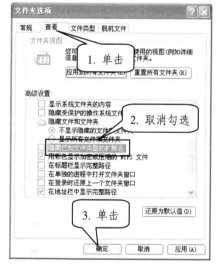

图4-48 取消隐藏文件扩展名

步骤4：单击 确定 按钮，这时将显示所有已知文件类型的扩展名。

重点提示

在【文件夹选项】对话框中提供了很多选项，它们的设置影响着文件和文件夹的一些表现形式。例如，在标题栏上显示文件的路径、显示系统文件的内容、地址栏的显示控制等等。有兴趣的读者可以逐一尝试。

第 5 章

文件的传输与共享

本 章 要 点

- 使用 U 盘传输文件
- 使用光盘传输文件
- 在局域网中传输文件

　　在使用电脑的过程中，经常会遇到文件的传输与共享问题，例如，在网吧里下载的流行歌曲要拷贝到自己的电脑中、没有做完的工作要带回家去做、想把朋友电脑里的漂亮图片拷贝到自己的电脑中……所有的类似操作，都属于电脑之间的数据交流。如果电脑没有联网，必须借助一种传递媒介，也就是承载数据的载体，常见的载体有软盘、U 盘、光盘等，如果电脑已经联网，还可以通过网络实现数据交流。

📖 5.1　使用 U 盘传输文件

　　随着电脑技术的发展，软盘因容量小、易损坏已经被彻底淘汰。而 U 盘因其容量大、体积小、使用寿命长、携带方便、即插即用等优点迅速普及，它现在已经是电脑用户必不可少的移动存储设备。

5.1.1　认识 U 盘

　　U 盘的全称是"USB 闪存盘"。实际上，它就是软盘的替代品。它是一个使用 USB 接口的无需物理驱动器的微型高容量移动存储设备，通过 USB 接口与电脑连接，实现即插即用，具有小巧轻便、可靠性强、易于操作等特点。一般的 U 盘容量有 1G、2G、4G、8G、16G 等等，使用它可以方便地实现电脑数据的交换，各种数字化内容(从照片、计算机数据、音乐到视频文件)都可以存储。图 5-1 所示是 U 盘的实物照片。与传统的存储设备相比，U 盘具有以下特性：

- ➥ 体积小，携带方便。
- ➥ 容量大(128M～16G 不等)。
- ➥ 不需要驱动器，无外接电源。
- ➥ 即插即用，允许带电插拔。
- ➥ 存取速度快，约为软盘速度的 15 倍。
- ➥ 可擦写 100 万次以上，数据可保存 10 年之久。
- ➥ 抗震，防潮。
- ➥ USB 接口，带写保护功能。

图 5-1　U 盘实物照片

5.1.2　连接 U 盘

　　U 盘的连接非常简单，在 Windows XP 操作系统下不需要安装驱动程序，在任何一台电脑上可以直接拔插 U 盘，但是在 Windows 98 操作系统下需要安装驱动程序才可以使用。连接 U 盘的操作步骤如下。

步骤 1：把 U 盘插到电脑的通用串行总线(USB)接口上，如图 5-2 所示。注意，有的电脑提供了前置 USB 接口。

步骤 2：系统将自动识别并产生一个可移动磁盘，名称为"可移动磁盘"或 U 盘的品牌名称，如图 5-3 所示。

图 5-2　插入 U 盘　　　　　　　　　　　　图 5-3　产生的可移动磁盘

步骤 3：当出现可移动磁盘图标时，说明 U 盘连接正常，可以像使用硬盘一样使用它来进行图片、资料、文件夹等的读写操作。

5.1.3　存取 U 盘中的资料

既然连接 U 盘后，它的使用与硬盘一样，所以 U 盘中资料的存取可以参照第 4 章中的内容进行操作。

如果要把图片、资料、文件夹等存放到 U 盘中，可以按照下列步骤操作。

步骤 1：打开资源管理器。

步骤 2：选择要存放到 U 盘中的文件，并在该文件上单击鼠标右键，如图 5-4 所示。

步骤 3：在弹出的快捷菜单中选择【发送到】/【可移动磁盘(或 U 盘名称)】命令，如图 5-5 所示。

步骤 4：移动文件。该步骤完全由电脑完成，如果发送的文件比较大，需要等待片刻。

除了上面介绍的这种方法以外，所有复制文件的方法也同样适用于 U 盘，读者可以参考 4.3.3 节中的内容进行操作，直接拖动法、复制/粘贴法都可以将电脑硬盘中的文件拷贝到 U 盘中。

图 5-4　在文件上单击右键

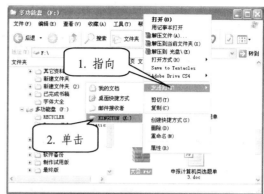

图 5-5　发送到 U 盘

同样，如果要将图片、资料、文件夹等文件从 U 盘中读取出来，拷贝到到硬盘中，只要将上述操作过程反过来即可。

5.1.4　安全拔出 U 盘

使用 U 盘以后，最好不要直接将 U 盘从计算机上拔下来，这样可能会损坏 U 盘或 U 盘中的数据。安全拔出 U 盘的操作步骤如下：

步骤 1：在任务栏的系统区域双击 图标，如图 5-6 所示。

步骤 2：在弹出的【安全删除硬件】对话框中选择要停止使用的 U 盘设备，然后单击 停止(S) 按钮，如图 5-7 所示。

图 5-6　双击删除硬件图标

图 5-7　删除 U 盘操作

步骤 3：在弹出的【停用硬件设备】对话框中再次选择停止使用的 U 盘设备，然后单击 ⌈ 确定 ⌋ 按钮，如图 5-8 所示。

步骤 4：任务栏的系统区域出现"安全地移除硬件"的提示以后，拔下 U 盘，如图 5-9 所示。

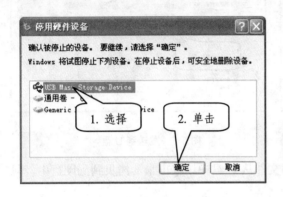

图 5-8　停用 U 盘操作　　　　　　　　　　图 5-9　安全移除的提示

实际上可以用更简单的方法来删除 U 盘，在任务栏的系统区域单击 图标，会出现一个 U 盘的列表，插了几个 U 盘，列表中就会显示几条，如图 5-10 所示。这时单击要删除的 U 盘即可。

图 5-10　删除 U 盘的列表

📖 5.2　使用光盘传输文件

光盘是一种比较流行的数据传输载体，它具有存储量大、携带方便、不易损坏、保存时间长等优点。随着电脑技术的发展，现在的可擦写光盘已经相当普及，但是需要安装刻录机(CD-RW 驱动器)方可使用。

5.2.1　光盘的种类

光盘根据是否可读写分为三类，即 CD-ROM 光盘、CD-R 光盘和 CD-RW 光盘。

　　CD-ROM 光盘：中文名称为只读光盘，这种光盘中的信息是在最初制作光盘时写入光盘中的，用户在使用过程中只能读取光盘中的内容，而不能删除和修改光盘中的信息，一般情况下这种光盘可以存储 650 MB 的数据。

　　CD-R 光盘：这是一种一次性写入光盘，使用刻录机刻录 CD-R 光盘后，光盘中的数据不可以更改，CD-R 光盘与 CD-ROM 光盘的结构基本类似，唯一不同的是多了一层用来记录数据的反射层。

　　CD-RW 光盘：这种光盘是一种可以进行擦写的光盘，即可以写入信息，也可以删除写入的信息，就像使用软盘和硬盘一样。

5.2.2　刻录电脑中的文件到光盘

　　如果要将电脑中的文件刻录到光盘中，需要具备三个条件：一是要有用于记录数据的 CD-R 光盘；二是要有刻录机；三是要安装刻录软件。

　　目前最流行的刻录软件是 Nero 9.0，它几乎支持市面上所有的刻录机。下面介绍如何使用 Nero 9.0 刻录光盘。

　　步骤 1：将空白的光盘(CD-R)放入刻录机。

　　步骤 2：通过【开始】菜单启动刻录程序，如图 5-11 所示。

图 5-11　启动刻录程序

　　步骤 3：打开【Nero Express】对话框，如图 5-12 所示。实际上，这个对话框就是一个刻录向导对话框，在其左侧提供了四种操作类型，当选择某一种类型时，右侧还将显示子类型。

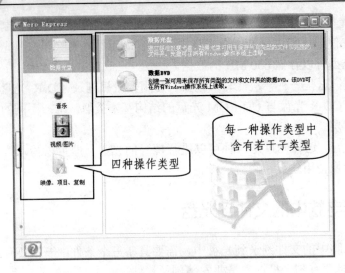

图 5-12　四种操作类型

步骤 4：在对话框的左侧单击"数据光盘"，然后在右侧也单击"数据光盘"。进入向导对话框的下一个页面中，单击 添加 按钮，如图 5-13 所示。

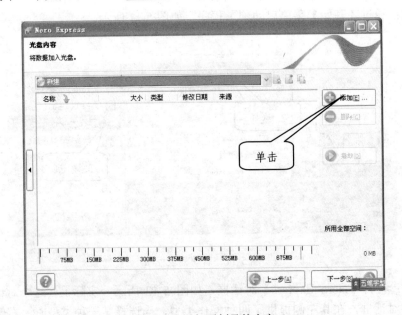

图 5-13　添加要刻录的内容

步骤 5：在弹出的【添加文件和文件夹】对话框中选择要刻录的内容，然后单击 添加(A)... 按钮，如图 5-14 所示。

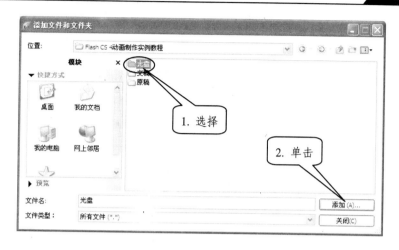

图 5-14　选择要刻录的内容

步骤 6：添加了内容以后，还会出现【添加文件和文件夹】对话框，要求继续添加其他内容，如果不需要再添加内容，单击 关闭(C) 按钮，返回到向导对话框即可，如图5-15 所示。

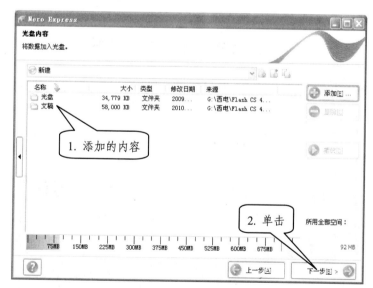

图 5-15　添加的内容

步骤 7：接着单击 下一步(N) > 按钮，进入向导对话框的下一个页面中，在这里可以为刻录的光盘命名、指定是否续刻等，如图 5-16 所示。

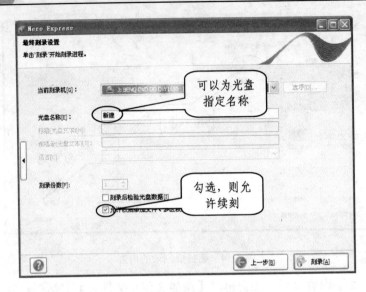

图 5-16　为光盘命名并指定是否续刻

步骤 8：单击 刻录[A] 按钮，则开始刻录光盘。图 5-17 所示是光盘正在进行刻录的过程。

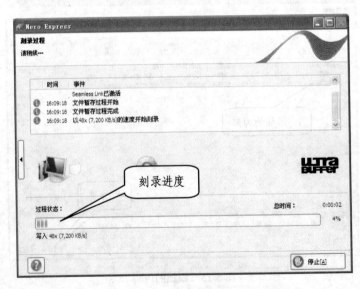

图 5-17　刻录光盘的过程

步骤 9：等待一段时间以后，刻录工作完成，则打开如图 5-18 所示的提示框，提示用户刻录完成，单击 确定 按钮，然后关闭向导对话框即可。

图 5-18　刻录完成提示框

5.2.3　复制光盘

复制光盘就是将一个光盘中的信息完全拷贝到另一张空白的光盘上，它与直接刻录光盘是不同的。下面介绍复制光盘的具体操作步骤。

步骤 1：首先准备好一张空白光盘与要复制的源光盘。

步骤 2：将源光盘放入刻录机。

步骤 3：参照前面的方法启动 Nero，打开刻录向导对话框，单击左侧的"映像、项目、复制"，然后在右侧单击"复制整张 CD"，如图 5-19 所示。

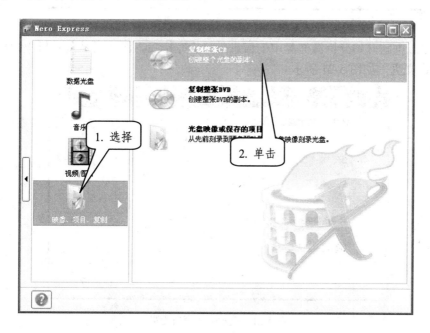

图 5-19　指定复制项目

步骤 4：进入向导对话框的下一个页面中，设置要复制的份数，单击 复制[A] 按钮，如图 5-20 所示。

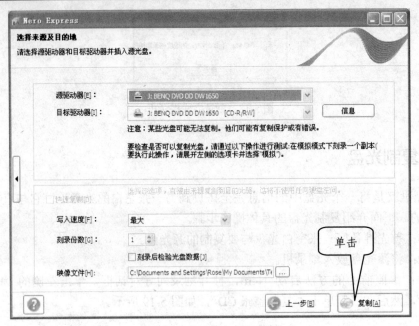

图 5-20 设置要复制的份数

步骤 5：电脑开始分析源光盘中的信息，分析完毕后，源光盘从刻录机中弹出，并提示插入空白光盘，如图 5-21 所示。

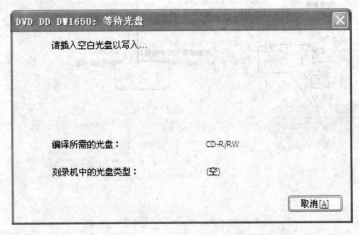

图 5-21 提示插入空白光盘

步骤 6：从刻录机中取出源光盘，放入空白光盘，则提示框自动消失，并开始向空白光盘中刻录，如图 5-22 所示。

图 5-22　向空白光盘中刻录数据

步骤 7：刻录完毕后，出现一个提示框，提示用户刻录完成，如图 5-23 所示。单击 确定 按钮，然后关闭向导对话框即可。

图 5-23　刻录完成

5.2.4　传输光盘中的文件到电脑

将光盘插入到光驱中以后，系统会自动搜索到光盘，如果光盘中设置了自动运行程序
Autorun，还可以自动播放光盘中的程序。

如果要将光盘中的文件传输到电脑中，则需要打开资源管理器，在左侧窗格中单击光
盘盘符，右侧窗格中将显示光盘中的文件，如图 5-24 所示。这时，就可以像操作硬盘中
的文件一样，对光盘中的文件进行选择与复制操作，将它们复制到其他驱动器上。

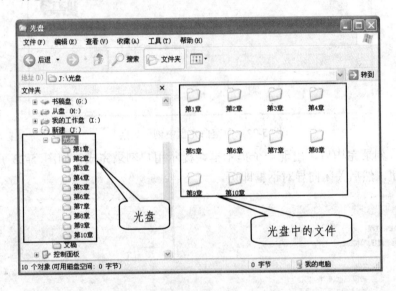

图 5-24　光盘中的文件

📖5.3　在局域网中传输文件

局域网是计算机网络中的一种重要类型，它属于一种办公网络，例如，把一个办公
室、一所学校、一幢大楼中的电脑与打印机等连接起来，从而实现数据通信与资源共享的
目的。

5.3.1　把两台电脑连接起来

假设您拥有两台电脑，那么就可以把它们连接起来，形成最小的局域网，从而可以实

现共享资源的目的。具体的操作步骤如下：

步骤1：建立物理连接，首先需要一根网线将两台电脑连接起来。

步骤2：以管理员权限的身份登录 Windows XP 操作系统。

步骤3：在桌面上双击"网上邻居"图标，打开【网络连接】窗口，在左侧单击"设置家庭或小型办公网络"文字链接，如图5-25所示。

步骤4：在弹出的【网络安装向导】对话框中单击 下一步(N) > 按钮，如图5-26所示。

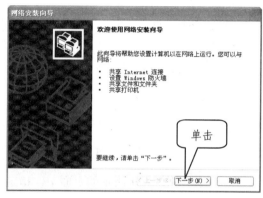

图 5-25　【网络连接】窗口　　　　　图 5-26　【网络安装向导】对话框

步骤5：在图5-27所示的页面中，根据提示检查与之相连的电脑是否已经开启，然后单击 下一步(N) > 按钮。

步骤6：在图5-28所示的页面中，选择【其他】选项，然后单击 下一步(N) > 按钮。

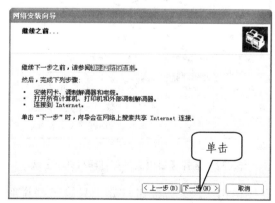

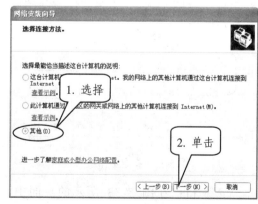

图 5-27　提示页面　　　　　　　图 5-28　选择【其他】选项

步骤 7：在图 5-29 所示的页面中，选择【这台计算机属于一个没有 Internet 连接的网络】选项，然后单击 下一步(N) > 按钮。

步骤 8：在图 5-30 所示的页面中，先为计算机命名，这个名称就是网络中的名称，然后单击 下一步(N) > 按钮。

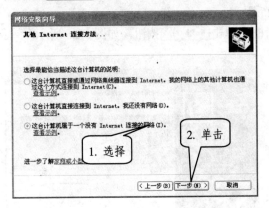
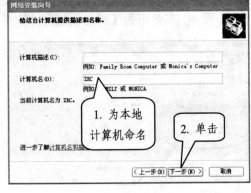

图 5-29　选择计算机说明　　　　　　　图 5-30　为计算机命名

步骤 9：在图 5-31 所示的页面中，指定工作组的名称，然后单击 下一步(N) > 按钮。

步骤 10：在图 5-32 所示的页面中，选择【启用文件和打印机共享】选项，然后单击 下一步(N) > 按钮。

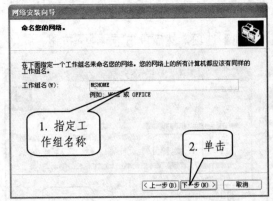
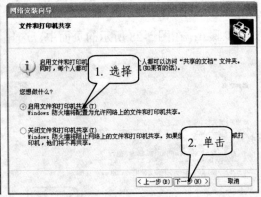

图 5-31　指定工作组的名称　　　　　　图 5-32　选择【启用文件和打印机共享】选项

步骤 11：在图 5-33 所示的页面中，直接单击 下一步(N) > 按钮，其中只是一些说明信息。

步骤 12：计算机开始创建网络连接，如图 5-34 所示。

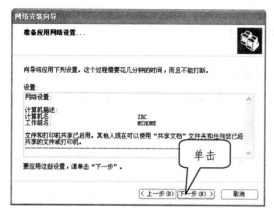

图 5-33　说明信息

图 5-34　计算机开始创建网络连接

步骤 13：稍等片刻后，完成连接，出现图 5-35 所示的页面，在这里选择【完成该向导。我不需要在其他计算机上运行该向导】选项。

步骤 14：在图 5-36 所示的页面中，单击 完成 按钮，则系统要求重新启动计算机。

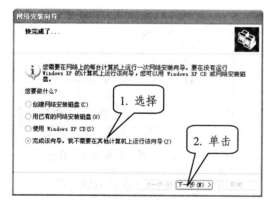

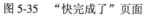

图 5-35　"快完成了"页面

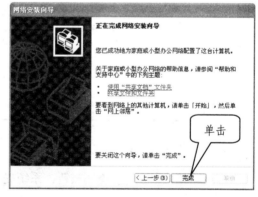

图 5-36　完成网络安装

步骤 15：重新启动电脑，则创建了一个本地连接。

步骤 16：用同样的方法，为另一台电脑创建本地连接，这样就建立了一个两台电脑的对等网络，它们之间可以相互访问。

对等局域网的每台电脑都有自己的名称，并隶属于一个工作组，电脑名称及所属的工作组完全由自己设置，如果两台电脑都拥有本地连接，直接为它们命名，并设置同一个工作组即可。设置电脑名称和工作组名称的操作步骤如下：

步骤 1：在桌面上的"我的电脑"图标上单击鼠标右键，在弹出的快捷菜单中选择

【属性】命令。

步骤 2：在打开的【系统属性】对话框中单击【计算机名】选项卡，然后单击其中的 更改(C)... 按钮，如图 5-37 所示。

步骤 3：在打开的【计算机名称更改】对话框中，首先在【计算机名】文本框中输入一个名称，然后在【隶属于】选项组中选择【工作组】选项，在下面的文本框中输入工作组名称，如图 5-38 所示。

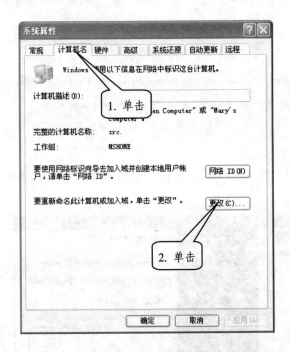

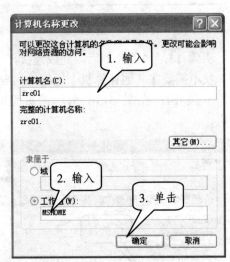

图 5-37　【计算机名】选项卡　　　　　图 5-38　设置计算机名和工作组

步骤 4：依次单击 确定 按钮，系统提示用户重新启动电脑，重启电脑即可。

5.3.2　设置自己电脑中的共享文件夹

建立了局域网以后，还需要将自己电脑中的文件夹设置为共享，这样，网上邻居才能浏览到共享文件夹中的文件。

将自己电脑中的文件夹设置为共享的操作方法如下：

步骤 1：打开资源管理器。

步骤 2：选择要设置为共享的文件夹，在文件夹上单击鼠标右键，在弹出的快捷菜单中选择【共享和安全】命令，如图 5-39 所示。

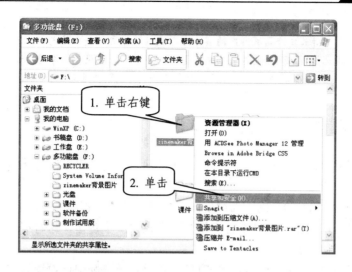

图 5-39　选择【共享和安全】命令

步骤 3：在弹出的【属性】对话框中勾选【在网络上共享这个文件夹】选项，如图
5-40 所示。

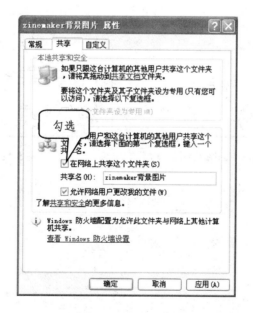

图 5-40　设置文件夹共享

步骤 4：单击 确定 按钮，则完成了共享设置。这样，局域网内的其他电脑就可以
访问这个文件夹了。

重点提示　　　如果允许局域网内的其他电脑更改共享文件夹中的内容，还需要勾选【允许网络用户更改我的文件】选项。另外，在设置共享时，还可以为共享文件夹指定名称，如果不指定，则使用原文件夹名称。

5.3.3　访问其他电脑中的共享文件

建立了局域网并设置了共享文件以后，通过网上邻居就可以访问其他电脑中的共享文件。具体的操作步骤如下：

步骤 1：双击桌面上的"网上邻居"图标，打开【网上邻居】窗口。

步骤 2：单击窗口左侧的"查看工作组计算机"文字链接，这时窗口中将显示出局域网中的网上邻居，如图 5-41 所示。

步骤 3：双击要访问的电脑名称，窗口中将显示该电脑中已设置为共享的驱动器或文件夹，如图 5-42 所示。这时可以打开浏览或复制文件了。

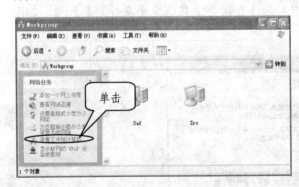

图 5-41　局域网中的网上邻居

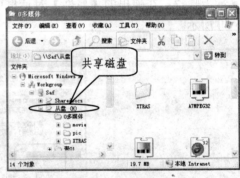

图 5-42　浏览共享文件夹

第 **6** 章

Windows XP 的个性化设置

本 章 要 点

- 主题与外观的设置
- 其他系统设置
- 设置用户帐户

每次打开电脑都是相同的桌面，时间长了就会产生"审美疲劳"，为了让每个人的电脑都"有所不同"，Windows XP 操作系统允许用户个性化设置自己的电脑，例如，设置桌面主题、外观、屏幕保护、系统时间与日期等。通过更改这些选项，可以让电脑更好地为自己服务，更加突出电脑的个性化。本章将介绍电脑的个性化设置知识，让每一个人都可以使自己的电脑"靓"起来。

6.1 主题与外观的设置

电脑的主题与外观主要影响着桌面、工作窗口等的内容，如图标的大小、桌面的背景与墙纸、各窗口组成部分的颜色等。这些内容主要是通过【显示属性】对话框进行设置的。

6.1.1 更改主题

桌面主题是通过预先定义的一组图标、字体、颜色、鼠标指针、声音、背景图片、屏幕保护程序等窗口元素的集合，它是一种预设的桌面外观方案。选择了一个主题，就相当于逐项设置了桌面背景、屏幕保护、图标、鼠标指针等等，所以，使用桌面主题是实现电脑个性化的最简单、最快捷的方法。

1. 安装与选择主题

Windows XP 提供了一些桌面主题可供选择。如果用户希望自己的电脑更个性一些，还可以从网上下载主题进行安装。下面介绍一下如何安装第三方桌面主题。

步骤 1：从网上下载自己需要的桌面主题。

步骤 2：双击桌面主题的安装程序，将弹出安装向导对话框，如图 6-1 所示。

步骤 3：在安装向导对话框的提示下单击 下一步(N) > 按钮，直到出现完成信息为止，如图 6-2 所示。

图 6-1　安装向导的第一个画面

图 6-2　安装向导的最后一个画面

步骤 4：单击 [完成(F)] 按钮，完成第三方主题的安装。

步骤 5：在桌面上的空白处单击鼠标右键，在弹出的快捷菜单中选择【属性】命令，如图 6-3 所示。

步骤 6：在打开的【显示属性】对话框中选择【主题】选项卡，然后在【主题】下拉列表中就可以选择刚刚安装的桌面主题，如图 6-4 所示。

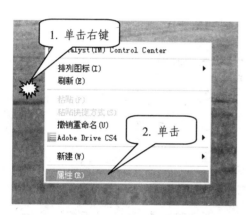

图 6-3　执行【属性】命令

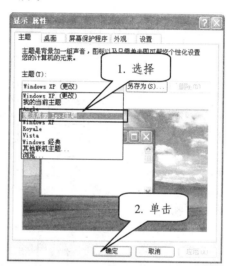

图 6-4　选择桌面主题

步骤 7：单击 [确定] 按钮，可以看到桌面背景、图标、光标等都发生了改变。

2. 修改主题

如果对桌面主题的某一部分不满意，在选择了桌面主题之后，就可以对它做一些局部调整。例如，更换桌面背景、改变图标大小、设置外观颜色等。

更改了桌面主题的一些设置以后，在【主题】下拉列表中可以看到，主题名称后面会出现"（更改）"两个字，说明用户已经对该主题做过更改。例如，我们选择了"Windows XP"主题，然后更改了桌面背景，则【主题】下拉列表中将显示"Windows XP(更改)"。

关于如何更改桌面主题的相关内容，我们将分别详细介绍。

6.1.2　更改桌面背景

桌面背景包括两部分：一是背景颜色；二是背景图片。用户不仅可以选择系统提供的图片，还可以将自己制作的图片或照片作为桌面背景。改变桌面背景的操作步骤如下：

步骤 1：在桌面的空白处单击鼠标右键，在弹出的快捷菜单中选择【属性】命令，打开【显示属性】对话框。

步骤 2：切换到【桌面】选项卡中，当在【背景】列表中选择"无"时，单击【颜色】下方的按钮，可以选择一种颜色作为桌面的背景，如图 6-5 所示。

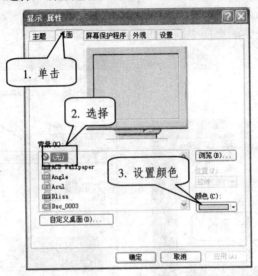

图 6-5　使用颜色作背景

步骤 3：如果在【背景】列表中选择了图片，则设置的【颜色】就看不到了，它将被图片覆盖，如图 6-6 所示。

图 6-6　选择图片作背景

步骤 4：如果用户对系统提供的图片不满意，可以单击 浏览(B)... 按钮选择所需的图片 (如照片、绘画作品等)，如图 6-7 所示。

步骤 5：当选择了图片以后，该图片就会出现在【背景】列表中，如图 6-8 所示。

图 6-7　选择图片作背景　　　　　　　　　　　　　图 6-8　选择的图片

步骤 6：当选择了图片作为桌面背景时，在【位置】下拉列表中可以设置图片的显示方式，分别为"居中"、"平铺"和"拉伸"，预览效果如图 6-9 所示。

图 6-9　三种显示方式的预览效果

步骤 7：单击 确定 按钮，则更改了桌面背景。

重点提示

当图片的尺寸小于桌面时，不同的显示方式会产生不同的显示效果。其中，"居中"方式是使图片显示在屏幕的中间，周围露出背景颜色；"平铺"方式是使图片重复排列，以覆盖整个屏幕；"拉伸"方式是使图片拉伸变形，与屏幕大小匹配。

6.1.3 设置屏幕保护程序

所谓屏幕保护，指的是在电脑空闲时，为保护屏幕设置的不断变化的画面。Windows XP 提供了屏幕保护程序功能，当电脑在指定的时间内没有任何操作时，屏幕保护程序就会运行。要重新工作时，只需按任意键或者移动鼠标即可。

设置屏幕保护程序的操作步骤如下：

步骤 1：在桌面上的空白处单击鼠标右键，在弹出的快捷菜单中选择【属性】命令，打开【显示属性】对话框。

步骤 2：切换到【屏幕保护程序】选项卡，在【屏幕保护程序】下拉列表中选择要使用的屏幕保护程序，例如"飞越星空"，如图 6-10 所示。

步骤 3：单击 设置(T) 按钮，将打开【飞越星空设置】对话框，在该对话框中可以对屏幕保护程序进行选项设置，如图 6-11 所示。

图 6-10 选择屏幕保护程序　　　　　图 6-11 【飞越星空设置】对话框

重点提示　　选择不同的屏幕保护程序时，单击 设置(T) 按钮打开的对话框是不一样的，其中的参数也不相同。

步骤 4：根据需要设置各选项，然后单击 确定 按钮，返回【显示属性】对话框，在【等待】数值框中输入一个数值，这个数值就是启动屏幕保护程序的等待时间，如图 6-12 所示。

步骤 5：单击 [确定] 按钮，完成屏幕保护程序的设置。当电脑空闲达到指定的时间时，就会启动屏幕保护程序。

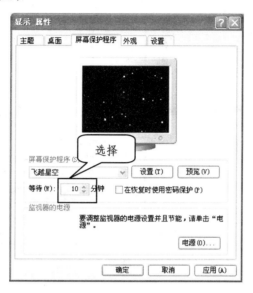

图 6-12　设置屏保等待时间

重点提示

电脑显示器的后面有一个电子枪，工作时不停地逐行从上而下地发射电子束，这些电子束被射到荧光屏上，有图像的地方就显示一个亮点，如果长时间让电脑屏幕显示一个静止的画面，那些亮点的地方就容易老化。为了不让电脑屏幕长时间地显示一个画面，所以要设置屏幕保护。

6.1.4　设置桌面外观

桌面外观主要影响了各种窗口的显示效果。例如，我们启动 Word 以后，可以看到蓝色的标题栏、灰色的菜单栏和工具栏、立体的按钮、灰色的消息框等。而桌面外观的定制主要就是改变窗口的显示风格。设置桌面外观的具体操作步骤如下：

步骤 1：打开【显示属性】对话框。

步骤 2：切换到【外观】选项卡，在【窗口和按钮】下拉列表中可以选择系统提供的外观样式，例如选择"Windows XP 样式"，如图 6-13 所示。

步骤 3：选择了"Windows XP 样式"后，在【色彩方案】下拉列表中可以选择"默认(蓝)"、"银色"和"橄榄绿"等方案，如图 6-14 所示。

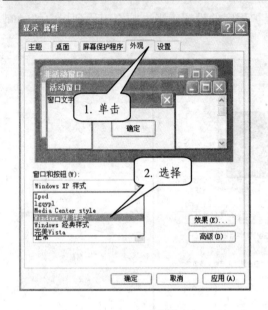

图 6-13　选择外观样式

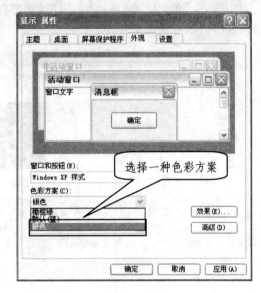

图 6-14　选择一种色彩方案

重点提示

　　用户可以根据自己的喜好选择不同的外观样式，每一种外观样式都提供了多种方案，当选择"Windows 经典样式"时，会有更多的选择方案，用户可以尝试使用一下。

　　步骤 4：如果想进一步设置桌面的外观，可以单击 `高级(D)` 按钮，这时将弹出【高级外观】对话框，在这里可以详细设置每一种桌面项目的文字、颜色等内容。

　　步骤 5：设置完成后，单击 `确定` 按钮即可。

6.1.5　外观的高级设置

　　利用【高级外观】对话框，可以设置每一种桌面项目的文字、颜色等内容，从而使桌面外观更具个性化。例如，我们要将活动窗口的标题栏由蓝色设置为绿色，字体由宋体变为楷体，大小由 10 修改为 8，可以按如下方法操作。

　　步骤 1：根据上一节的操作，在【显示属性】对话框的【外观】选项卡中单击 `高级(D)` 按钮，如图 6-15 所示。

　　步骤 2：打开【高级外观】对话框，在【项目】下拉列表中选择要修改颜色的项目，这里选择"活动窗口标题栏"，如图 6-16 所示。

图 6-15 单击"高级"按钮

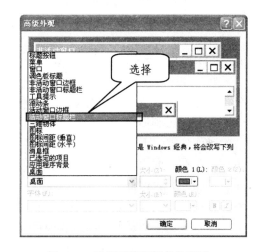

图 6-16 选择要修改颜色的项目

重点提示

　　在【项目】下拉列表中，几乎提供了桌面的所有构成要素，选择任何一个选项后，都会出现相关的参数，允许用户自由修改，从而使电脑屏幕的外观更具个性化。用户可以尝试设置每一个选项。

　　步骤 3：单击【颜色 1】下方的颜色块，在打开的颜色选项板中选择绿色，如图 6-17 所示。

　　步骤 4：在【字体】下拉列表中选择"楷体"，在【大小】下拉列表中选择"8"，如图 6-18 所示。

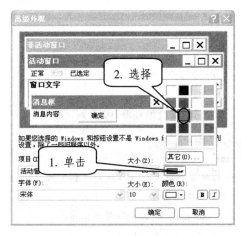

图 6-17 修改项目颜色

图 6-18 修改字体和大小

步骤 5：单击 [确定] 按钮，活动窗口标题栏的颜色、字体和大小都发生了变化。

步骤 6：用同样的方法，可以更改桌面上的其他项目。

6.1.6 更改显示器的分辨率

分辨率是指单位长度上的像素数，习惯上用每英寸中的像素数来表示。显示器的分辨率影响着屏幕的可利用空间。分辨率越大，工作空间越大，显示的内容越多。更改显示器分辨率的操作步骤如下：

步骤 1：在桌面上的空白处单击鼠标右键，在弹出的快捷菜单中选择【属性】命令，打开【显示属性】对话框。

步骤 2：切换到【设置】选项卡，在【屏幕分辨率】标尺上拖动滑块，可以改变分辨率的大小，在【颜色质量】下拉列表中可以选择颜色的显示模式，如图 6-19 所示。

步骤 3：单击 [确定] 按钮，则弹出【监视器设置】对话框，询问是否保留更改后的分辨率，并倒计时 15 秒，如果未做出决定，自动返回原分辨率，如图 6-20 所示。

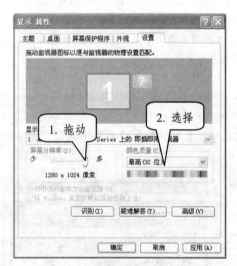

图 6-19 设置分辨率及显示模式

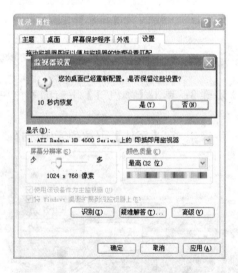

图 6-20 【监视器设置】对话框

步骤 4：单击 [是(Y)] 按钮，完成对显示器分辨率的设置。

重点提示　对于普通用户来说，最好选择合适的屏幕分辨率，这样既能达到有效利用屏幕空间，又不影响自己的使用。普通 17 寸显示器或 15 寸液晶显示器推荐分辨率为 1024×768，而普通 19 寸显示器或 17 寸液晶显示器推荐分辨率为 1280×1024，不过这不是绝对的，完全依据用户的偏好。

📖 6.2　其他系统设置

在 Windows XP 操作系统下，用户能设置的项目比较多，前面介绍的内容仅仅是设置屏幕的显示属性。除此之外，还可以设置系统时间与日期、鼠标的操作、声音与音频设计、计划任务等，而这些设置需要通过控制面板进行。

6.2.1　认识控制面板

控制面板是电脑系统的控制中心，它是 Windows 操作系统的重要组成部分，以窗口的形式呈现，通过它可以查看并操作基本的系统设置和控制，如添加打印机及其他硬件，设置日期、时间、语言，添加与删除应用程序等操作。

打开控制面板的操作方法如下：

步骤 1：在【开始】菜单中选择【控制面板】命令(如图 6-21 所示)，可以打开控制面板，如图 6-22 所示。

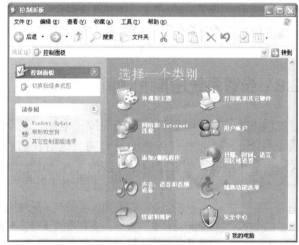

图 6-21　选择【控制面板】命令　　　　　　图 6-22　控制面板

步骤 2：Windows XP 的控制面板有两种视图模式，单击面板左侧的"切换到经典视图"文字链接(如图 6-23 所示)，可以切换到经典视图，这时右侧以图标形式显示，如图 6-24 所示。

图 6-23　选择经典视图模式　　　　　　图 6-24　经典视图形式显示

重点提示

在控制面板的经典视图模式下，每一个图标都联系着系统中的一部分设置，双击图标，可以打开相应的选项窗口进行设置。为了描述方便，后面我们在使用控制面板时均使用经典视图进行操作。

6.2.2　设置系统日期和时间

电脑中始终有一个时钟，即使关掉了电源，这个时钟也不停止，它就是系统时间。开机后，系统时间显示在任务栏的最右侧，这给我们的工作带来了很大方便。不过，有时这个时间可能不准确，需要我们进行修改。

重点提示

如果任务栏的右侧没有显示系统时间，可以在控制面板中双击"任务栏和开始菜单"图标，在打开的【任务栏和「开始」菜单属性】对话框中勾选【显示时钟】选项。

设置系统日期和时间的具体操作步骤如下：

步骤 1：在任务栏右侧的系统时间上双击鼠标，或者在控制面板中双击"日期和时间"图标，如图 6-25 所示。

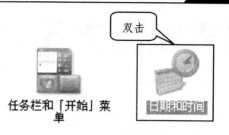

图 6-25　双击任务栏上的时间或控制面板中的"日期和时间"

步骤 2：在打开的【日期和时间属性】对话框中可以设置系统日期和时间。首先在左侧的【日期】选项组中设置当前日期，如图 6-26 所示。

步骤 3：在右侧的【时间】选项组中可以设置当前时间。修改时间时，可以在相应的时、分、秒区域单击鼠标，然后使用右侧的增减按钮逐项修改，如图 6-27 所示。

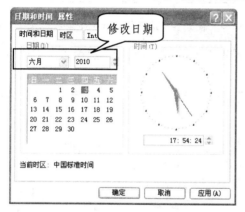
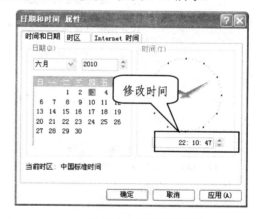

图 6-26　设置当前日期　　　　　图 6-27　设置当前时间

步骤 4：单击 确定 按钮，系统时间将显示为最新设置的日期和时间。

6.2.3　设置鼠标

利用控制面板可以设置鼠标的属性，如双击速度的快慢、指针移动的快慢，滚动一次滚轮所能移动的行数等等。设置鼠标属性的操作方法如下：

步骤 1：在控制面板中双击"鼠标"图标，则打开【鼠标属性】对话框。

步骤 2：在【鼠标键】选项卡中可以设置鼠标键配置、双击速度以及单击锁定，如图 6-28 所示。

步骤 3：切换到【指针】选项卡，在这里可以选择系统提供的鼠标指针方案，如图 6-29 所示。

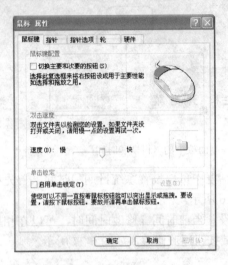

图 6-28　设置鼠标键属性

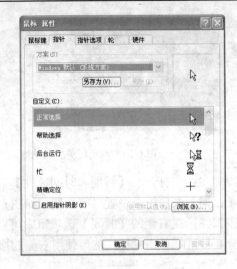

图 6-29　选择鼠标指针方案

步骤 4：切换到【指针选项】选项卡，在这里可以设置指针移动的速度以及指针的可见性，如图 6-30 所示。

步骤 5：切换到【轮】选项卡，可以设置滚动一次滚轮所经过的行数，如图 6-31 所示。

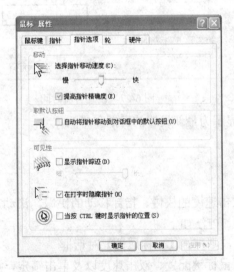

图 6-30　设置指针属性

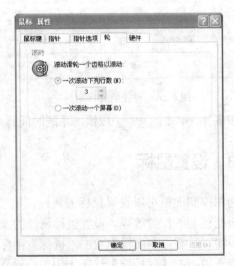

图 6-31　设置滑轮属性

步骤 6：单击　确定　按钮，即可完成鼠标属性的设置。

6.2.4　设置键盘

键盘是重要的输入设备，我们可以依照自己的爱好设置其属性。设置键盘属性的操作方法如下：

步骤 1：在控制面板中双击"键盘"图标，打开【键盘属性】对话框。

步骤 2：在【速度】选项卡的【字符重复】选项组中可以设置重复延迟、重复率，通过拖动滑块即可对其进行改动，如图 6-32 所示。

步骤 3：在【光标闪烁频率】选项组中拖动滑块，可以改变光标在屏幕上的闪烁频率，如图 6-33 所示。

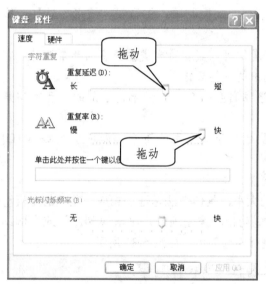

图 6-32　改变字符重复属性

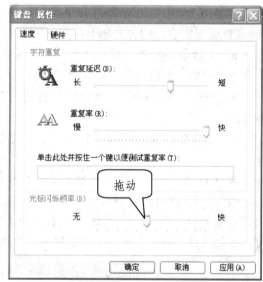

图 6-33　改变光标闪烁频率

步骤 4：单击 确定 按钮，即可完成键盘属性的设置。

6.2.5　控制声音的播放

Windows XP 允许用户通过音量调节程序控制声音的播放，并且提供了多种方法。首先，我们了解一下 Windows 系统中对声音的分类。在任务栏的右下角双击图标（音量控制图标），则打开了【主音量】窗口，这是一个音量控制窗口，如图 6-34 所示。

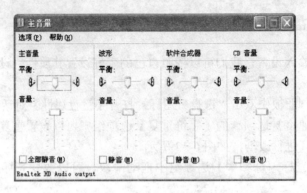

图 6-34 【主音量】窗口

从图 6-34 中可以看到，音量控制窗口中有四个控制项：主音量、波形、软件合成器、CD 音量，它们的含义如下：

➡ **主音量：** 用于控制总音量，拖动垂直滑块可以实现所有类型声音的音量调节。它是全局性控制，其他单项控制仅对其管辖类别中的音量起作用。

➡ **波形：** 专门对波形文件进行控制，像我们看电影、听音乐、录制的声音等均是波形。

➡ **软件合成器：** 也叫 MIDI，它是电脑数字乐器专用的声音，即用于控制 MIDI 音乐。

➡ **CD 音量：** 专门用于控制 CD 乐曲的音量。

调节声音的操作有三种：一是调节音量的大小，具体做法是拖动相应控制项的垂直滑块到合适的位置即可；二是调节左右声道，拖动相应控制项的水平滑块到左侧或右侧即可；三是静音设置，在每一个控制项的下方进行勾选即可，如图 6-35 所示。

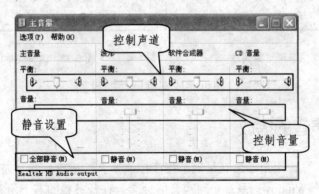

图 6-35 声音的三种调节

还有一种设置声音的方法，直接在任务栏右下角单击音量图标，这时会弹出一个音量调节的小面板，可直接用鼠标拖动滑块到相应的位置来改变音量大小，还可以选择是否静音，这是常用的一种操作方法。

重点提示　　如果任务栏的右下角没有图标 ，也可以在控制面板中双击"声音和音频设备"图标，在打开的【声音和音频设备属性】对话框中勾选【将音量图标放入任务栏】选项即可。

6.3　设置用户帐户

Windows XP 支持多个用户使用计算机，每个用户都可以设置自己的帐户和密码，并在系统中保持自己的桌面外观、图标及其他个性化设置，这样不同帐户的用户就不会互相干扰。

6.3.1　创建新帐户

在安装操作系统的过程中，系统会提示创建新帐户，安装完成以后，用户也可以在控制面板中创建新帐户。创建新帐户的操作方法如下：

步骤 1：在控制面板中双击"用户帐户"图标，如图 6-36 所示。

步骤 2：在弹出的【用户帐户】窗口中单击"创建一个新帐户"文字链接，如图 6-37 所示。

图 6-36　双击"用户帐户"图标　　　　图 6-37　单击"创建一个新帐户"文字链接

步骤 3：在弹出的"为新帐户起名"页面中输入一个新的帐户名称，如图 6-38 所示。

这个名称会出现在欢迎屏幕和【开始】菜单中。

步骤 4：单击 下一步(N) > 按钮，在弹出的"挑选一个帐户类型"页面中选择【受限】选项，如图 6-39 所示。

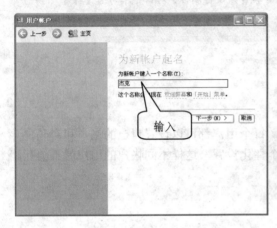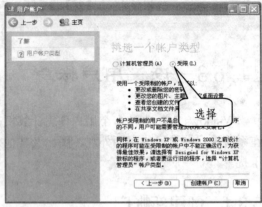

图 6-38　输入帐户名称　　　　　　　　　图 6-39　挑选帐户类型

步骤 5：单击 创建帐户(C) 按钮，则新创建了一个帐户，如图 6-40 所示。

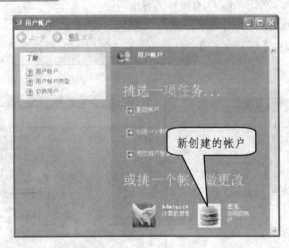

图 6-40　新创建的帐户

6.3.2　更改用户帐户

创建了新帐户后，可以更改该帐户的相关信息，如帐户密码、图片、名称等。例如，我们要为"杰克"帐户设置密码并设置图片，可以按如下步骤操作。

步骤 1：在【用户帐户】窗口中单击"杰克"帐户，系统会询问用户想更改什么，如图 6-41 所示。

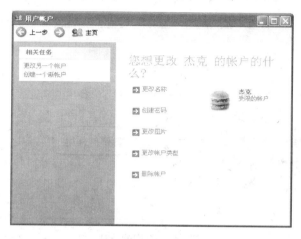

图 6-41　要更改的项目

- 单击【更改名称】，可以更改帐户名称。
- 单击【创建密码】，可以为帐户创建登录密码。
- 单击【更改图片】，可以重新为帐户选择一幅图片。
- 单击【更改帐户类型】，可以重新指定帐户类型，即改为管理员或普通用户。
- 单击【删除帐户】，可以删除该帐户。

步骤 2：单击"创建密码"文字链接，则进入"为帐户创建一个密码"页面，输入密码时需要确认一次，每次输入时必须以相同的大小写方式输入，如图 6-42 所示。

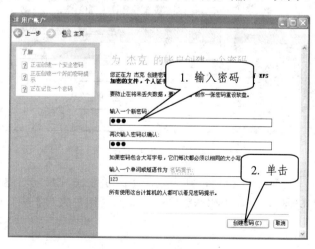

图 6-42　创建密码

步骤 3：单击 创建密码(C) 按钮，则为该帐户创建了密码，这时返回上一层页面，则出现了【更改密码】与【删除密码】选项，如图 6-43 所示。

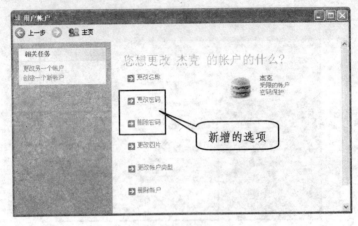

图 6-43　新增的选项

步骤 4：单击"更改图片"文字链接，可以为帐户选择一个新图像，如图 6-44 所示。如果不喜欢系统提供的图像，可以单击"浏览图片"文字链接，选择喜欢的图片。

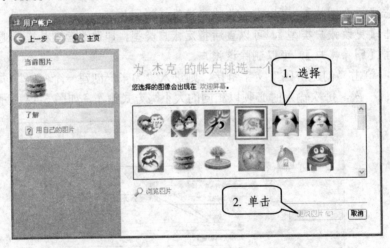

图 6-44　更改图片

步骤 5：单击 更改图片(C) 按钮，则为帐户更改了新图片，同时返回到上一层页面。这时可以继续设置其他选项，如果想结束操作，关闭【用户帐户】窗口即可。

学会使用实用小程序

第 7 章

本 章 要 点

- 使用计算器运算
- 简单易用的"录音机"
- 使用媒体播放器
- Windows 自带的小游戏
- 用写字板制作简单文档
- 使用电脑画画

Windows XP 操作系统有一个强大的附件功能，其中包括许多实用的小程序，可以帮助我们解决一些工作、学习与生活中遇到的问题。例如，可以处理简单的文本文件，可以利用计算器处理工作中的数据，还可以播放电影、录制声音等。熟练使用这些小程序可以给我们带来很多方便。本章将选择几个有代表性的小程序进行介绍，希望读者可以掌握 Windows XP 附件的相关使用方法。

7.1　使用计算器运算

计算器具有运算快、操作简便、体积小的特点，是人们广泛使用的计算工具。计算机中提供了两种类型的计算器：标准型计算器和科学型计算器。使用标准型计算器可以做一些简单的加减运算，使用科学型计算器可以做一些高级的函数计算和统计计算，如对数运算和阶乘运算等。

7.1.1　标准型计算器

在桌面上单击【开始】/【所有程序】/【附件】/【计算器】命令，可以打开计算器，默认情况下打开的是标准型计算器，它与我们生活中的计算器具有类似的外观，如图 7-1 所示。

使用计算器时，既可以使用鼠标单击来完成，也可使用数字小键盘输入来完成，但是要确保 NumLock 键是锁定的，即亮起绿灯，如图 7-2 所示。

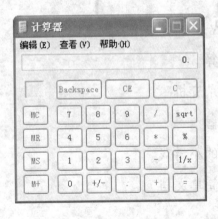

图 7-1　标准型计算器

图 7-2　数字小键盘

下面通过表 7-1 说明一下主要按钮的功能以及对应的按键。

表 7-1　数字小键盘的功能

按钮	对应的按键	功　能　描　述
Backspace	Backspace 或 ←	删除显示值的最后一个数字
CE	Delete	清除显示窗口中的当前显示值
C	Esc	清除当前的计算
MC	Ctrl+L	清除存储器中的数字
MR	Ctrl+R	显示存储器中的数字，该值仍保留在存储器中
MS	Ctrl+M	把显示值存入存储器中
M+	Ctrl+P	把显示值累加到存储器中
/	/	除法运算
*	*	乘法运算
−	−	减法运算
+	+	加法运算
sqrt	@	计算显示值的平方根
%	%	按百分比的形式显示乘积
1/x	r	计算显示值的倒数
=	=或 Enter	执行前面两个数的运算，如果再次单击该按钮，将重复上次运算
+/−	F9	改变显示值的正负号

7.1.2　科学型计算器

标准型计算器完全可以满足日常生活中的数据运算，但如果要进行专业运算，则需要更多的功能，这时可以单击【查看】菜单中的【科学型】命令，切换到科学型计算器，使用它可以实现数制转换、函数计算、统计计算、逻辑运算等，如图7-3所示。

图 7-3　科学型计算器

它与生活中的专业计算器是等效的，主要用于工程、科研、教学、统计等方面的科学运算。下面例举两个运算实例。

1. 把十进制数字 120 转换为二进制

步骤 1：选择初始数制，即单击【十进制】选项，如图 7-4 所示。

步骤 2：输入源数据 120，可以单击界面中的数字按钮输入，也可以通过键盘输入，如图 7-5 所示。

 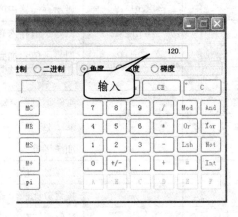

图 7-4　选择初始数制　　　　　　　　　　图 7-5　输入源数据

步骤 3：选择目标数制，即单击【二进制】选项，则出现计算结果 1111000，如图 7-6 所示。

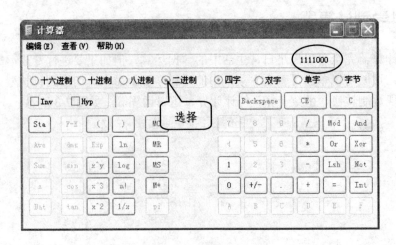

图 7-6　运算结果

重点提示

数制是数的表示及计算的方法，人们在日常生活中常用十进制来表示事物的量，即逢 10 进 1。生活中也常常遇到其他进制，如六十进制(每分钟 60 秒，即逢 60 进 1)、十二进制(如计量单位"打")等。计算机中采用的数制是二进制，除了二进制外，计算机中还常常用到八进制和十六进制。但是，用户与计算机打交道时，并不直接使用二进制数，而是十进制，然后由计算机自动转换为二进制。

2. 求 102+88+23+15 的平均值

步骤 1：在科学型计算器中确保数制为"十进制"，如图 7-7 所示。

步骤 2：单击 Sta 按钮，将弹出【统计框】对话框，用于计数，如图 7-8 所示。

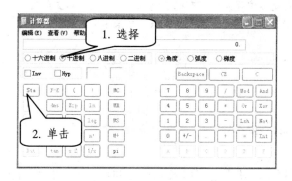

图 7-7　选择进制

图 7-8　【统计框】对话框

步骤 3：在计算器中输入加数 102，单击 Dat 按钮(如图 7-9 所示)，则该数字被送到统计框中；用同样的方法，再输入其他几个加数，并送到统计框中，如图 7-10 所示。

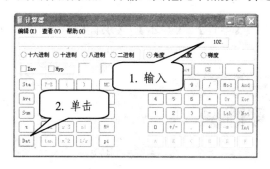

图 7-9　输入加数

图 7-10　输入加数到【统计框】中

步骤 4：单击 Ave 按钮，则计算器的显示框中显示 102+88+23+15 的平均值 57，如图 7-11 所示。

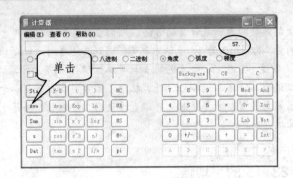

图 7-11　运算结果

重点提示

科学型计算器的功能是非常强大的，有很多高级计算功能，如三角函数运算、指数运算、对数运算、逻辑运算等等。限于生活中使用较少，这里不作详细介绍。

7.2　简单易用的"录音机"

Windows XP 自带了录音机应用程序，使用它可以录制自己的声音或者喜欢的音乐，还可以混合、编辑和播放声音，也可以将声音链接或插入到另一个文档中。

7.2.1　认识"录音机"

在桌面上单击【开始】/【所有程序】/【附件】/【娱乐】/【录音机】命令，打开【声音-录音机】对话框，如图 7-12 所示。

图 7-12　【声音-录音机】对话框

菜单栏主要用于控制声音的操作，如保存、添加混音、反转、插入文件等。声音信息分为左、中、右三部分，左侧显示播放头的位置，右侧显示声音的总长度，中间显示声音的波形。滑块用于控制与显示声音的播放进度。下方的控制按钮则用于声音的录制、播放、停止等操作。

- ↘ 单击"播放"按钮 ▶ ，开始播放声音。
- ↘ 单击"停止"按钮 ■ ，停止播放声音。
- ↘ 单击"移至首部"按钮 ◀◀ ，可以转到声音文件的开始。
- ↘ 单击"移至尾部"按钮 ▶▶ ，可以转到声音文件的末尾。
- ↘ 单击"录制"按钮 ● ，开始录制声音。

7.2.2 使用"录音机"

下面介绍使用录音机程序的两种基本操作，即录制声音与播放声音。

1. 录制声音

使用录音机录制声音的操作方法如下：

步骤 1：将麦克风连接到计算机上，如图 7-13 所示。

步骤 2：启动录音机程序，单击菜单栏中的【文件】/【新建】命令，创建一个新文件，如图 7-14 所示。

步骤 3：单击"录制"按钮 ● ，如图 7-15 所示，开始录制声音，这时对着麦克风录音即可。

步骤 4：录音完毕后，单击"停止"按钮 ■ ，停止录制声音，如图 7-16 所示。

图 7-13　连接麦克风

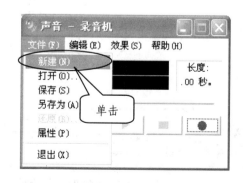

图 7-14　创建一个新文件

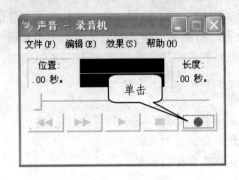
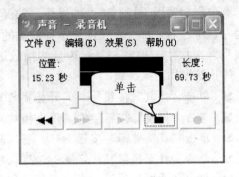

图 7-15　开始录制　　　　　　　　　图 7-16　停止录制声音

步骤 5：单击菜单栏中的【文件】/【保存】命令，将录制的声音保存起来。

2. 播放声音

使用录音机也可以播放声音，但是它只能播放 WAV 格式的音频文件，对于其他格式 (如 MP3 格式、MID 格式等)的音频文件则不支持。使用录音机播放声音的操作方法如下：

步骤 1：将音箱连接到计算机上。

步骤 2：启动录音机程序，单击菜单栏中的【文件】/【打开】命令，在弹出的【打开】对话框中选择要播放的声音文件 (*.wav)，然后单击 打开(0) 按钮，如图 7-17 所示。

步骤 3：单击"播放"按钮 ►，开始播放声音，如图 7-18 所示。

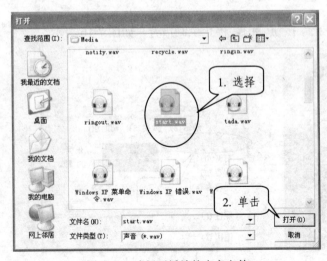

图 7-17　选择要播放的声音文件

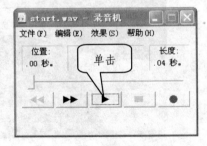

图 7-18　播放声音

📖 7.3　使用媒体播放器

Windows Media Player 是 Windows XP 自带的一个媒体播放器，使用它可以轻松地查找、播放和携带娱乐节目，它可以播放 CD 音乐、VCD 中的电影或动画等媒体文件。

7.3.1　认识 Windows Media Player

Windows Media Player 是微软公司出品的一款免费播放器，是 Windows XP 的一个组件，通常简称"WMP"。它是一款多功能媒体播放器，利用它可以播放 MP3、WMA、WAV 等音频文件以及 AVI、MPEG、DVD 等视频文件。但是，首次使用时要进行相关的设置，具体操作步骤如下：

步骤 1：单击【开始】/【所有程序】/【附件】/【娱乐】/【Windows Media Player】命令，打开向导对话框，如图 7-19 所示。这里主要是对 Windows Media Player 播放器的一些说明。

步骤 2：单击 下一步(N) > 按钮，在对话框中可以设置一些隐私选项，如图 7-20 所示。

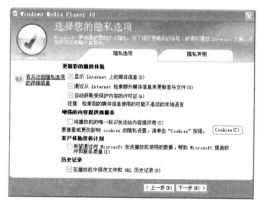

图 7-19　播放器的说明　　　　　　　　　图 7-20　隐私选项

步骤 3：单击 下一步(N) > 按钮，在对话框中可以选择播放器将成为哪些文件的默认播放器，如图 7-21 所示。

步骤 4：单击 完成 按钮，则完成了播放器的设置工作，并进入了播放器程序窗口，如图 7-22 所示。以后再启动该播放器时，将直接进入播放器程序窗口。

Windows Media Player 播放器的程序窗口比较特别，根本不像窗口，因为没有菜单栏等窗口要素。整个窗口大部分是用来显示视听内容的,在窗口的下方有一排按钮,用于控制视频或音频文件的播放,当光标指向这些按钮时,就会出现相应的提示信息。

如果要让 Windows Media Player 的程序窗口显示出菜单栏,可以在其标题栏上单击鼠标右键,在弹出的快捷菜单中选择【显示经典菜单】命令,或者按下 Alt 键,这样就可以看到经典的窗口样式。

 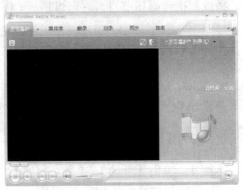

图 7-21　选择文件类型　　　　　　　　　图 7-22　播放器程序窗口

7.3.2　播放音乐

如果将 Windows Media Player 设置为默认的播放器,那么在资源管理器中直接双击声音文件,就可以直接启动该播放器并播放声音。另外,也可以先启动 Windows Media Player,再通过菜单打开文件,具体操作如下:

步骤 1:启动 Windows Media Player,在程序窗口中按下 Alt 键,显示出菜单栏。

步骤 2:单击菜单栏中的【文件】/【打开】命令,如图 7-23 所示。

步骤 3:在弹出的【打开】对话框中双击要播放的声音文件,如图 7-24 所示。

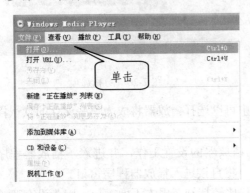 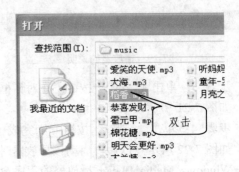

图 7-23　选择【打开】命令　　　　　　　图 7-24　双击要播放的声音文件

步骤 4：这时开始播放选择的音乐，播放器画面中出现可视化效果，并且可以更改，同时通过下方的控制按钮，可以控制音乐的播放，如图 7-25 所示。

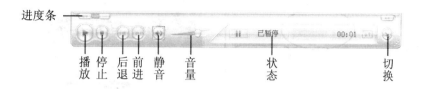

进度条

| 播放 | 停止 | 后退 | 前进 | 静音 | 音量 | 状态 | 切换 |

图 7-25　控制按钮

➥ **进度条**：位于控制按钮的上方，进度滑块代表了播放进程，也可以拖动它控制播放进度。

➥ **播放**：单击该按钮可以播放声音文件。当播放文件时，该按钮变为暂停按钮，单击它时暂停播放。

➥ **后退**：单击该按钮可以后退到文件的某个播放位置。

➥ **前进**：单击该按钮可以前进到文件的某个播放位置。

➥ **静音**：单击该按钮，可以在关闭声音和打开声音两种状态间切换。

➥ **音量**：通过拖动音量滑块，可以调节正在播放的视频或音频文件的音量。

➥ **状态**：显示正在播放文件的一些状态与参数。

➥ **切换**：单击该按钮，可以在全屏与正常窗口之间进行切换。

7.3.3　播放 VCD 电影

Windows Media Player 既可以播放电脑中的音乐，也可以播放各种视听光盘，同时它还提供了丰富的个性化设置。

如果电脑安装了 CD-ROM 或 DVD-ROM(光盘驱动器)，而且设置了自动播放功能，那么只要把 VCD 电影光碟放入光盘驱动器，就会自动检测并播放。

我们也可以先启动 Windows Media Player，通过手工选择的方式播放视频文件，具体操作与播放声音文件类似。

步骤 1：首先启动 Windows Media Player，然后执行【打开】命令，在弹出的【打开】对话框中选择要播放的电影文件，如图 7-26 所示。

步骤 2：单击 打开(0) 按钮，此时可以在播放器中观看电影，如图 7-27 所示。

标记小红旗或问号的方块，也可以再用鼠标右键单击，从而取消方块上的标记。

如果某个数字方块周围的地雷全被挖出，这时还有与它相连的方块，可以指向数字方块，同时单击鼠标左右键，将其周围剩下的方块"震"开，这种"震雷"操作可以大大提高扫雷效率，如图 7-35 所示。

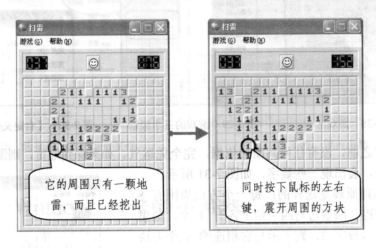

图 7-35 "震"雷操作

7.4.2 空当接龙

"空当接龙"游戏的目标是利用可用单元作为空位将所有纸牌都移到回收单元。

单击【开始】/【所有程序】/【游戏】/【空当接龙】命令，打开【空当接龙游戏】窗口，单击【游戏】/【开局】命令，就可以开始玩游戏了，如图 7-36 所示。

可用单元：窗口的左上方为四个可用单元，相当于中转站或缓冲区，用于临时存放纸牌，每个可用单元容纳一张纸牌。

回收单元：窗口的右上方为四个回收单元，A 可以随时移动到任何一个空位中，其他牌则必须按照 A～K 的升序排列，并且每叠只能放置同一种花色的纸牌，例如，一叠以红桃 A 为底的纸牌，其上只能按顺序放置红桃 2、红桃 3、…、红桃 K，当所有纸牌都移入回收单元时，本局游戏胜利。

操作单元：窗口的下方为操作单元，放置了八列随机排列、牌面朝上的纸牌。在列与列之间可以移动纸牌，规则是按大(K)到小(A)的顺序排列，并且黑白交替，例如，红 7 只能移到黑 8 的上方，而红 7 的上方只能放置黑 6。

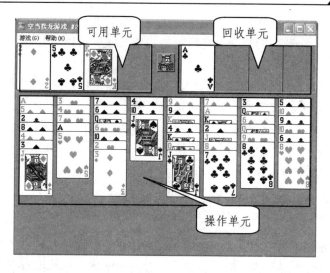

图 7-36　"空当接龙"游戏界面

7.4.3　纸牌

"纸牌"游戏的目标是通过一定的规则将所有的牌按照从 A 到 K 的顺序排列在右上角目标区的四个空位上。

在桌面上单击【开始】/【所有程序】/【游戏】/【纸牌】命令，可以打开【纸牌】窗口，它分为三个区域：叠放区、备选区与目标区，如图 7-37 所示。

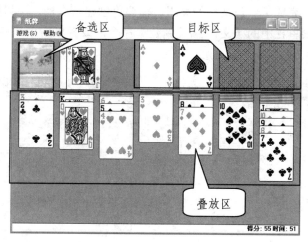

图 7-37　"纸牌"游戏界面

叠放区：这里的操作原则是红黑交叉叠放，按照从大到小的顺序排列。当将一张纸牌按照规则叠放到另一个花色的纸牌上之后，单击下一张牌可以将其翻转过来，然后继续进行叠放。

备选区：当叠放区不能再进行叠放操作时，单击备选区，可以翻开一张或三张纸牌，将它们与叠放区的纸牌进行组合，以增加赢的机会。

目标区：无论是叠放区还是备选区，当出现任意一个 A 时，双击它即可自动移到目标区中的空位上，然后按照从小到大的顺序依次类推，直到同一花色叠放到一起为止。

7.5 用写字板制作简单文档

写字板是 Windows XP 提供的一个字处理程序，它其实就是一个小型的 Word 软件，虽然功能比 Word 软件弱一些，但是应对一些普通的文字工作绰绰有余，它既可以实现中英文混合编辑，也可以实现图文混排。

7.5.1 新建文档

在桌面上单击【开始】/【所有程序】/【附件】/【写字板】命令，打开写字板窗口，如图 7-38 所示。写字板窗口由标题栏、菜单栏、工具栏、格式栏、标尺和工作区组成。

启动写字板程序以后，系统会自动创建一个文档，这时直接输入文字即可。如果已经启动了写字板程序，完成了一篇文档的编辑，需要再创建新文档，可以按如下步骤操作。

步骤 1：单击菜单栏中的【文件】/【新建】命令，或者单击工具栏中的"新建"按钮，如图 7-39 所示。

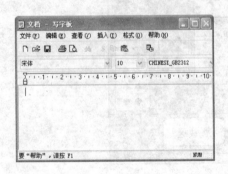

图 7-38　写字板窗口

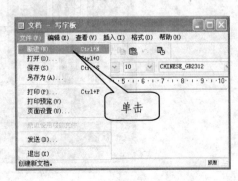

图 7-39　执行【新建】命令

步骤 2：在打开的【新建】对话框中选择新建文档的类型，一般选择"RTF 文档"，然后单击 确定 按钮，即可创建一个新文档，如图 7-40 所示。

➥ **RTF 文档**：这种类型的文档可以包含格式信息(如不同的字体、字符格式、制表符格式等)。

➥ **文本文档**：是指不含任何格式信息的文档，在这种类型的文档中，不能设置字符格式和段落格式，只能简单地输入文字。

➥ **Unicode 文本文档**：包含世界所有撰写系统的文本，如包含罗马文、希腊文、中文、平假文和片假文等。

图 7-40　创建新文档

7.5.2　输入文本

在文档中输入文本前，要选择一种合适的输入法(如智能 ABC 输入法)，然后按照输入法规则输入文本，输入的文本将出现在插入点光标的左侧，如图 7-41 所示。在输入文字的过程中，插入点光标从左向右移动，输入到一行行尾时，插入点光标将自动移动到下一行的最前面。

输入完一段文本后，需要按下回车键，这时插入点光标将移动到下一段中，开始一个新的段落，如图 7-42 所示。

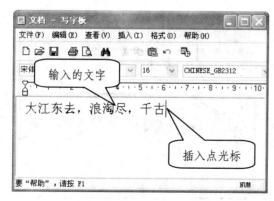

图 7-41　输入文字

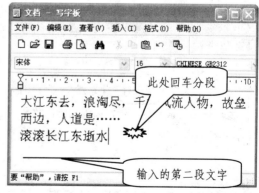

图 7-42　回车分段输入

7.5.3 选择文本

在写字板中编辑文本时，要遵循"先选择、后操作"的原则。选择的文本在屏幕上反白显示，即"蓝底白字"。选择文本的几种方法如下：

➥ 在要选择文本的开始位置处单击鼠标，定位插入点光标，如图 7-43 所示。然后按住鼠标左键向右拖动到要选择文本的结束位置处，释放鼠标，即可选择中间的文本，如图 7-44 所示。

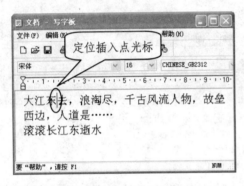

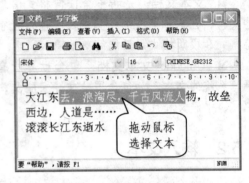

图 7-43　定位插入点光标　　　　　　　　图 7-44　拖动鼠标选择文本

➥ 如果要选择大范围的文本，可以先将插入点光标定位在要选择文本的开始位置，然后按住 Shift 键在要选择文本的结束位置单击鼠标。

➥ 将光标移到文本左侧的选择栏上，当光标变为形状时单击鼠标，可以选择一行，如图 7-45 所示；双击鼠标，可以选择一个段落，如图 7-46 所示；三击鼠标，可以选择整篇文本，如图 7-47 所示。

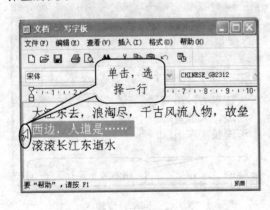

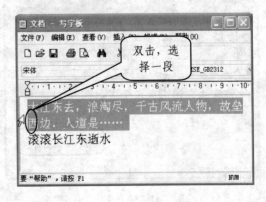

图 7-45　选择一行　　　　　　　　　　　图 7-46　选择一段

➥ 按下 Ctrl+A 键，可以选择整篇文本。

➥ 将光标定位在要选择的段落内，连续单击三次鼠标，可以选择该段落，如图 7-48 所示。

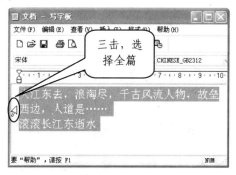

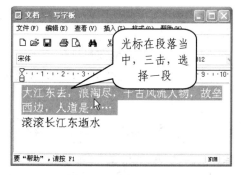

图 7-47　选择整篇文本　　　　　　图 7-48　选择段落

7.5.4　编辑文本

在写字板中编辑文本时，如果对文档中某些句子或段落的位置不满意，可以移动其位置，或者删除部分内容，还可以对其进行复制操作，以使文档前后语句通顺、井然有序，这也是最基本的文档编辑操作。

1. 移动文本

移动文本的操作步骤如下：

步骤 1：选择要移动的文本，如图 7-49 所示。

步骤 2：将光标指向选择的文本，按住鼠标左键拖动至目标位置处释放鼠标，即可将所选文本移动到目标位置处，如图 7-50 所示。

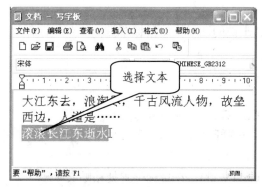

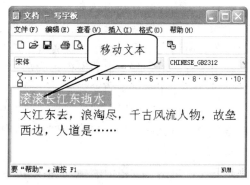

图 7-49　选择文本　　　　　　图 7-50　移动文本

使用鼠标拖动的方法移动文本的优点是方便快捷，但是对于远距离(如从一页移动到另一页)的移动很不方便。因此，还可以利用剪切与粘贴的方法移动文本。

步骤 1：选择要移动的文本。

步骤 2：单击工具栏中的 ✂ 按钮(或按下 Ctrl+X 键)，将所选文本剪切至 Windows 剪贴板中，如图 7-51 所示。

步骤 3：将光标定位在目标位置处。

步骤 4：单击工具栏中的 ▣ 按钮(或按下 Ctrl+V 键)，在目标位置处粘贴文本，如图 7-52 所示。

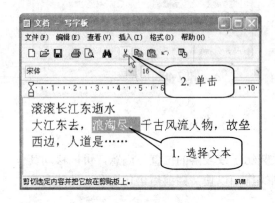

图 7-51　剪切文本

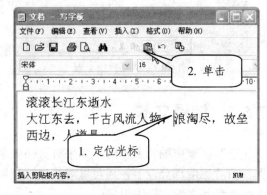

图 7-52　粘贴文本

2. 复制文本

与移动文本类似，在写字板中也有两种不同的文本复制方法，即利用鼠标操作和工具按钮进行文本复制。

通过拖动鼠标复制文本的操作步骤如下：

步骤 1：选择要复制的文本。

步骤 2：将光标指向选择的文本，按住 Ctrl 键的同时拖动鼠标至目标位置处，释放鼠标，即可将所选文本复制到目标位置处。

利用工具按钮复制文本的操作步骤如下。

步骤 1：选择要复制的文本。

步骤 2：单击工具栏中的 ▣ 按钮(或按下 Ctrl+C 键)，复制所选文本。

步骤 3：将光标定位在目标位置处，目标位置既可以是同一个文档中的不同页面，也可以是不同的文档之间。

步骤 4：单击工具栏中的 ▣ 按钮(或按下 Ctrl+V 键)，在目标位置处粘贴文本。

重点提示　　除了使用工具按钮移动或复制文本外，还可以使用【编辑】菜单或快捷菜单中的【剪切】(或【复制】)和【粘贴】命令来移动或复制文本。

3. 删除文本

当文档中出现一些不需要的内容时，要及时删除这些文本。删除文本的方法比较多，操作也比较简单，具体步骤如下：

步骤 1：选择要删除的文本。

步骤 2：单击菜单栏中的【编辑】/【清除】命令，或者按下键盘中的 Delete 键或 Backspace 键，即可删除所选择的文本。

另外，针对不同的工作状态，也可以使用以下方法删除文本。

➥　如果要删除当前光标之后的一个字符，按下 Delete 键即可。

➥　如果要删除当前光标之前的一个字符，按下 Backspace 键即可。

7.5.5　设置文本格式

在写字板程序中，我们可以对输入的文本进行简单的格式设置，既可以设置字体、字号、颜色等字体格式，也可设置对齐与缩进等段落格式。

1. 设置字体、字号与颜色

在格式栏中可以非常方便地设置字体、字号与颜色，具体操作步骤如下。

步骤 1：选择需要设置格式的文本。

步骤 2：在格式栏的"字体"下拉列表中选择一种字体即可，如图 7-53 所示。

步骤 3：在格式栏的"字体大小"下拉列表中选择一个数值，单位是"磅"，如果没有合适的字体大小，可以直接在数值框中输入数值，如图 7-54 所示。

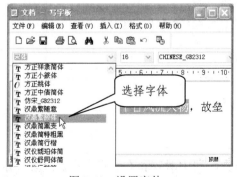

图 7-53　设置字体

图 7-54　设置字体大小

步骤 4：如果要改变文字的颜色，单击格式栏的"颜色"按钮，在打开的颜色列表中选择一种颜色即可，如图 7-55 所示。

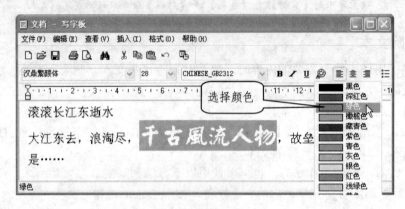

图 7-55　设置颜色

2. 修饰文本

在写字板程序中，可以对文本做一些简单的修饰，如粗体、斜体、下划线等，操作方法比较简单，选择了文本以后，在格式栏中单击"粗体"、"斜体"、"下划线"按钮即可，如图 7-56 所示。如果要取消某项修饰，再次单击相应按钮即可。

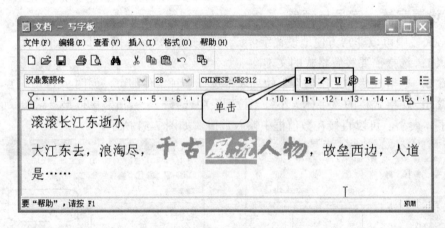

图 7-56　修饰文本

3. 段落的对齐

写字板中提供了三种对齐方式，分别是左对齐、居中对齐和右对齐。设置段落对齐方式的操作步骤如下：

步骤1：将光标定位在要设置对齐方式的段落中。

步骤2：在格式栏中单击对齐方式按钮，可以设置段落的对齐，如图7-57所示。

➥　单击 ≡ 按钮，可以使段落居中排列，距页面的左、右边距相等。

➥　单击 ≡ 按钮，可以使段落中的每行首尾同时对齐，自动调整字符间距。但是，如果最后一行文字不满一行，则保持左对齐。

➥　单击 ≡ 按钮，可以使段落中各行右边对齐，左边可以不对齐。

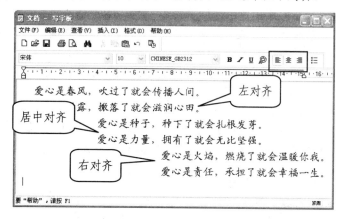

图7-57　不同的对齐方式

4. 段落的缩进

一般情况下，段落文字都具有不同的缩进方式，这可以使文本显得整齐有序，方便阅读。设置段落缩进是指更改段落相对于左、右页边距的距离。段落缩进有首行缩进、左缩进和右缩进三种方式。

➥　左缩进控制段落与左边距的距离。

➥　右缩进控制段落与右边距的距离。

➥　首行缩进控制段落第一行第一个字符的起始位置。

在写字板中，可以使用标尺设置段落的缩进，操作步骤如下：

步骤1：将光标定位于要设置缩进的段落中。

步骤2：拖动水平标尺中的缩进标记，如图7-58所示，即可完成段落缩进设置。

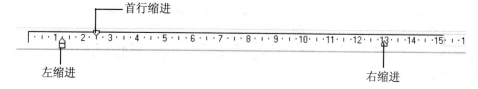

图7-58　水平标尺上的缩进标记

➡ 将首行缩进标记拖动到要缩进的位置，可以设置首行缩进。

➡ 将左缩进标记拖动到要缩进的位置，可以设置左缩进。

➡ 将右缩进标记拖动到要缩进的位置，可以设置右缩进。

7.5.6　查找与替换

编辑文本时经常需要查找和替换某些文本，如果用眼睛逐字逐句地查找与替换文本，不但费时费力而且效率极低。而利用写字板提供的查找与替换功能，可以快速、准确地解决这个问题。

1．查找文本

查找文本的操作步骤如下：

步骤 1：单击菜单栏中的【编辑】/【查找】命令，如图 7-59 所示。

步骤 2：打开【查找】对话框后，在【查找内容】文本框中输入要查找的文本，如"爱心"，如图 7-60 所示。

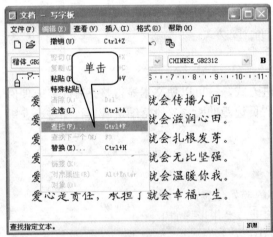
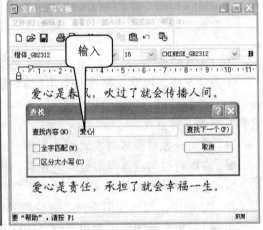

图 7-59　执行【查找】命令　　　　　图 7-60　输入要查找的内容

步骤 3：单击 查找下一个(F) 按钮，写字板将开始在当前文档中查找指定的文本，如果找到，则查到的文本将反白显示，如图 7-61 所示。

步骤 4：如果要继续查找，则继续单击 查找下一个(F) 按钮，如果查找完毕，则弹出提示信息，如图 7-62 所示。

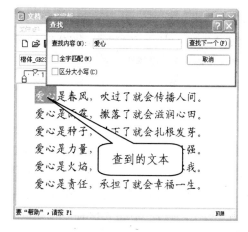

图 7-61　查到的文本

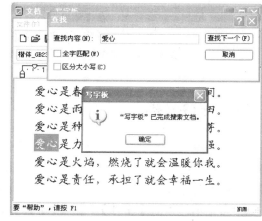

图 7-62　查找完毕

步骤 5：单击 确定 按钮，可以结束查找。

2. 替换文本

编辑文档时，如果要将某些文本替换成另外的文本，例如要将"中国"替换为"中华人民共和国"，而文档中不止一处出现"中国"这一词汇，这时使用替换功能非常方便。替换文本的操作步骤如下：

步骤 1：单击菜单栏中的【编辑】/【替换】命令，则弹出【替换】对话框。

步骤 2：在【查找内容】文本框中输入要被替换的文本，如"中国"。

步骤 3：在【替换为】文本框中输入要替换的文本，如"中华人民共和国"，如图 7-63 所示。

图 7-63　输入查找与替换文本

步骤 4：单击 查找下一个(F) 按钮，开始查找文本"中国"，查找到后单击 替换(R) 按钮，可以替换该处文本；如果要将文档中所有的"中国"都替换为"中华人民共和国"，可以单击 全部替换(A) 按钮。

> **重点提示**
>
> 实际上，在【替换】对话框中已经包含了查找功能，在这里也可以完成查找操作。另外，如果在【替换为】文本框中不输入任何内容，则替换文本时会以空字符代替找到的文本，相当于执行了删除操作。

7.5.7 保存文档

编辑完成文档之后，一项很重要的操作就是保存文档。因为在编辑文档的过程中，文档保存在计算机内存中，一旦断电或非法操作就会丢失未保存的信息。因此，一定要及时保存文档，只有执行了保存操作，所编辑的内容才会以文件的形式出现在硬盘或软盘中。

单击菜单栏中的【文件】/【保存】命令，或者单击工具栏中的"保存"按钮，如果是第一次保存文档，这时将打开【保存为】对话框，如图 7-64 所示。在对话框中指定文件名和保存位置，单击 保存(S) 按钮，就可以保存文档。

图 7-64 【保存为】对话框

📖7.6 使用电脑画画

前面学习了使用写字板编辑文本。如果需要画一幅画呢？可不可以在电脑中完成呢？本节就介绍如何使用电脑画画。Windows XP 自带了一个画图程序，灵活运用它，可以画出漂亮的图画，可以绘制简笔画、水彩画、插图、贺年片、复杂的艺术图案等。

7.6.1　认识画图程序窗口

在桌面上单击【开始】/【所有程序】/【附件】/【画图】命令，可以打开【画图】
程序窗口，如图7-65所示。

图 7-65　【画图】程序窗口

画图程序的工作窗口比较简单，主要分为三部分，即工具箱、颜料盒与绘画区，分别
承载着不同的任务。

➥ **工具箱**：用于选择绘图的工具，使用这些工具可以在绘画区中进行绘图、喷涂、
输入文字、擦除等操作。

➥ **颜料盒**：用于设置绘画的背景色和前景色。

➥ **绘画区**：相当于生活中用来画画的"画布"，用于绘制各种图形。

7.6.2　设置合适的画布大小

使用电脑画画的好处是，不需要浪费一分钱就有用不完的"画布"。在画画之前，我
们必须先设置好画布的大小，具体操作如下：

步骤 1：启动画图程序，这时将自动产生一个画图文件，即产生一个新画布。另外也
可以单击菜单栏中的【文件】/【新建】命令，重新生成新画布，如图7-66所示。

步骤 2：单击菜单栏中的【图像】/【属性】命令，在弹出的【属性】对话框中选择
【单位】为"厘米"，然后分别设置【宽度】与【高度】值，如图7-67所示。

步骤 3：单击 确定 按钮，完成画布大小的设置，这样就可以进行绘画了。

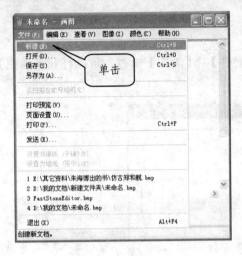

图 7-66　创建新画布　　　　　　　图 7-67　设置画布大小

7.6.3　设置颜色

绘制图形时要先设置合适的颜色，然后再使用相应的工具进行绘画。在画图程序窗口的下方，通过单击颜料盒中的色块可以设置颜色，如图 7-68 所示。

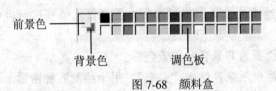

图 7-68　颜料盒

前景色指用来绘画的颜色；背景色指画布的颜色。在颜料盒中单击颜色，可以设置前景色；在颜料盒右单击颜色，可以设置背景色。

另外，单击菜单栏中的【颜色】/【编辑颜色】命令，可以向颜料盒中添加自定义的颜色。

7.6.4　绘制基本线条

线条工具包括直线工具＼和曲线工具？，在工具箱中选择线条工具后，工具箱的下方将显示出不同粗细的线条，在绘制线条之前要先选择线条的粗细。

绘制直线的操作方法如下：

步骤 1：在工具箱中单击直线工具＼，然后在工具箱下方选择直线宽度，如图 7-69

所示。

步骤 2：在颜料盒中选择前景色，作为直线的颜色。

步骤 3：在绘画区中按住鼠标左键拖动鼠标，可以绘制直线。如果按住 Shift 键拖动鼠标，可以绘制水平、垂直或 45 度角的直线，如图 7-70 所示。

图 7-69　选择直线宽度

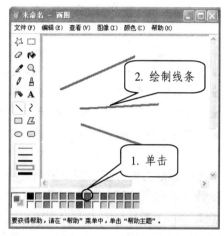

图 7-70　绘制直线

绘制曲线的操作方法如下：

步骤 1：在工具箱中单击曲线工具 ⁀，然后在工具箱下方选择曲线宽度。

步骤 2：在颜料盒中选择前景色，作为曲线的颜色。

步骤 3：在绘画区中按住鼠标左键拖动鼠标，绘制出一条直线，如图 7-71 所示。然后在该直线的上方(或下方)按住鼠标左键继续拖动，则形成一条弧线，如图 7-72 所示。

图 7-71　绘制直线

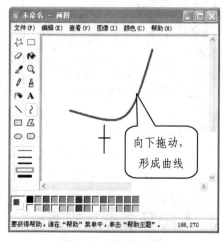

图 7-72　形成的弧线

使用曲线工具绘制曲线时，只能调整两次曲线状态，之后曲线将被粘牢，不能调整。所以在进行调整之前一定要做到心中有数，做到精准。

重点提示

7.6.5 绘制简单形状的图形

形状工具包括矩形工具、多边形工具、椭圆工具和圆角矩形工具。

 ➥ **矩形工具**□：用于绘制矩形，按住 Shift 键拖动鼠标，可以绘制正方形。

 ➥ **多边形工具**◸：用于绘制多边形。

 ➥ **椭圆工具**○：用于绘制椭圆形，按住 Shift 键拖动鼠标，可以绘制圆形。

 ➥ **圆角矩形工具**▢：用于绘制圆角矩形。按住 Shift 键拖动鼠标，可以绘制圆角正方形。

下面以矩形为例介绍绘制图形的方法，操作步骤如下：

步骤 1：在工具箱中选择矩形工具。

步骤 2：在工具箱的下方设置该工具的选项，即矩形的类型：空心矩形、实心矩形、无框矩形，如图 7-73 所示。

步骤 3：在颜料盒中设置前景色和背景色，前景色影响矩形的边框颜色，背景色影响矩形的填充颜色。

步骤 4：在绘画区中拖动鼠标，就可以绘制出矩形，如图 7-74 所示。

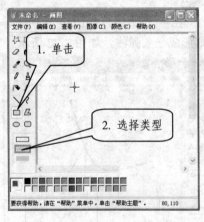

图 7-73 设置矩形的类型

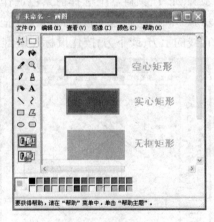

图 7-74 绘制的矩形

7.6.6 绘制任意形状的图形

在画图程序中，我们不但可以绘制线条和形状，还可以绘制任意形状的图形。使用铅

笔工具 可以绘制任意形状的线条；使用刷子工具 可以涂绘颜色更丰满的形状；使用喷枪工具 可以在图画中产生喷雾效果。

绘制任意形状图形的操作方法如下：

步骤1：在工具箱中选择铅笔工具 (刷子工具 或喷枪工具)。

步骤2：在工具箱的下方选择工具的选项(铅笔工具不能设置)，如图7-75所示。

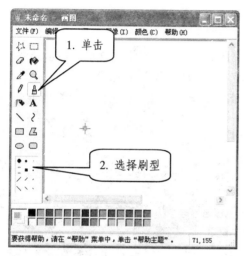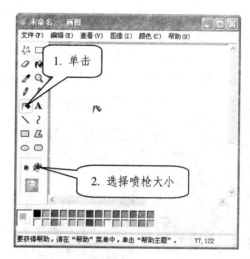

图7-75　刷子工具和喷枪工具的选项设置

步骤3：在颜料盒中选择前景色，作为工具的颜色。

步骤4：在绘画区中单击鼠标，可以绘制一个点；在绘画区中按住鼠标左键拖动鼠标，可以绘制任意形状的线条(如果选择的是铅笔工具，则按住 Shift 键拖动鼠标，可以绘制水平、垂直或45度角的直线)，图7-76所示为使用这三种工具的涂鸦效果。

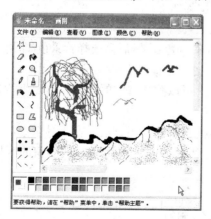

图7-76　使用铅笔工具、刷子工具和喷枪工具涂鸦

7.6.7　擦除与填充

当在画布上绘制了图形以后，还可以进行各种编辑操作，如擦除、填充等。使用橡皮工具 ⌀ 可以进行擦除操作，但是它有两种使用方法：一是普通的擦除；二是替换颜色。下面先介绍普通擦除的具体操作步骤。

步骤 1：在工具箱中选择橡皮工具 ⌀，然后在工具箱下方设置橡皮的大小，如图 7-77 所示。

步骤 2：在颜料盒中选择背景色，被橡皮工具擦除后的区域将按背景色显示。

步骤 3：在要擦除的区域中拖动鼠标，可以擦除图像，如图 7-78 所示。

图 7-77　设置橡皮工具参数

图 7-78　擦除图像

上面介绍的步骤是橡皮工具的普通擦除操作，与生活中的橡皮没什么两样。它还有一种特殊用法，即只擦除一种特定的颜色，操作步骤如下：

步骤 1：在工具箱中选择橡皮工具 ⌀，在工具箱下方设置橡皮的大小。

步骤 2：在颜料盒中选择前景色(即要擦除的颜色)，然后再选择背景色(即用来替换被擦除的颜色)。

步骤 3：在图像中按住鼠标右键拖动鼠标，可以擦除特定的颜色，然后用背景色来替换它。

以上是橡皮工具的使用方法，下面介绍填充工具的使用方法。在工具箱中，填充工具的图标是一个油漆桶，一看便知这是一个涂色工具，它主要用于对大面积的区域进行涂色，以提高工作效率，具体操作步骤如下。

步骤 1：在工具箱中选择填充工具 ⬗。

步骤 2：在颜料盒中选择前景色，作为填充颜色。

步骤 3：在绘画区中单击要填充的封闭区域，即可用前景色填充该区域。如果该区域没有完全封闭，则填充的颜色将溢出区域，如图 7-79 所示。

图 7-79　封闭与非封闭区域的填充效果

7.6.8　输入文字

使用文字工具 **A** 可以在画布中输入文字，使用方法如下：

步骤 1：在工具箱中单击文字工具 **A** 。

步骤 2：在颜料盒中选择前景色，作为文字的颜色。

步骤 3：在绘画区中单击或拖动鼠标，则出现了一个虚线框，即文本输入框，框中有闪烁的插入点，用于输入文字，同时出现了【字体】工具栏，如图 7-80 所示。

步骤 4：在虚线框中输入文字，在【文字】工具栏中可以设置文字的字体、字号、字型等，如图 7-81 所示。

图 7-80　文本输入框　　　　　　　　　图 7-81　输入文字

步骤 5：输入完文字后，在虚线框的外侧单击鼠标，则完成了文字的输入，同时虚线框消失。

7.6.9　编辑图形

我们在绘图的过程中，有时会对图形进行简单编辑操作，如移动位置、删除、复制等。这时需要先选定图形区域，再进行操作。

1. 选定图形

在画图程序中，使用任意形状的裁剪工具☆和选定工具☐都可以执行选择操作。任意形状的裁剪工具☆用于定义任意形状的剪切块，而选定工具☐用于定义矩形剪切块。

使用任意形状的裁剪工具的操作方法如下：

步骤 1：在工具箱中单击任意形状的裁剪工具☆。

步骤 2：在绘画区中按住鼠标左键，围绕要定义的剪切块区域拖动鼠标，如图 7-82 所示。当框住某一区域时释放鼠标，这时外围显示为矩形框，但是选择的区域仍然是前面框选的不规则区域，如图 7-83 所示。

图 7-82　任意形状选区

图 7-83　释放鼠标后的形态

步骤 3：如果操作有误，单击剪切块外的任何部分，可以重新开始选择。

矩形剪切块的选择比较简单，只需要在工具箱中单击选定工具☐，然后在绘画区中拖动鼠标即可，读者可以自行操作尝试一下。

2. 编辑图形

在编辑图形这一部分，我们介绍三种基本的操作，即移动、复制与删除。

步骤 1：创建一个剪切块，即选择要操作的区域，如图 7-84 所示。

步骤 2：选择一种操作模式，透明模式或不透明模式。这里选择"不透明模式"。

步骤 3：将光标置于选择的区域内，则光标变为 ✛，拖动鼠标，就可以移动剪切块，如图 7-85 所示。

图 7-84　创建的剪切块

图 7-85　移动剪切块的位置

步骤 4：如果要复制剪切块，按住 Ctrl 键的同时拖动剪切块即可，如图 7-86 所示；如果要删除剪切块，则按下 Delete 键，如图 7-87 所示。

图 7-86　复制剪切块

图 7-87　删除剪切块

3. 放大显示图形

在绘图的过程中，放大图形后进行操作，会使工作更容易、更精细。使用放大镜工具  可以放大显示图形，具体操作方法如下：

步骤 1：在工具箱中选择放大镜工具 。

步骤 2：在工具选项中单击要放大的倍数，即可放大显示画面，如图 7-88 所示。

步骤 3：如果要取消放大，选择放大镜工具以后，在画面中单击鼠标右键即可，如图 7-89 所示。

图 7-88　放大显示画面

图 7-89　取消放大

第 **8** 章

安装与使用应用程序

本 章 要 点

- 认识常用的应用程序
- 安装应用程序前的准备
- 安装与卸载应用程序
- 应用程序的共性操作

电脑是一个非常神奇的工具，它能够帮助我们完成很多任务。但是一定要清楚，并不是说把电脑买回家，想做什么工作都可以。电脑的硬件只是向我们提供了一个必要条件，具体要做什么工作是由软件决定的。打个比方，买了 VCD 机之后要看电影，必须有电影光碟才可以。软件分为系统软件与应用软件，应用软件也可以称为应用程序，本章将介绍如何安装与使用应用程序。

8.1 认识常用的应用程序

无论是在工作中还是在生活中，电脑已经与我们密不可分，我们使用电脑处理各种文件、听音乐、看电影、上网聊天、从事各种设计以及软件开发等，所有这些实际上都是软件的功能。换句话说，我们要做某项工作，必须先安装相应的应用程序。

8.1.1 办公类程序

现在最普遍的办公程序就是微软公司的 Office 办公软件，它是一个庞大的办公软件和工具软件的集合体，使用最多的是 Word、Excel 和 PowerPoint。

Word 主要是字处理程序，使用它可以进行书信、公文、报告、论文、商业合同、写作排版等一些文字工作；Excel 是一个表格与数据处理程序，可以制作表格或进行财务、预算、统计、各种清单、数据跟踪、数据汇总、函数运算等计算量大的工作；PowerPoint 是幻灯片演示程序，可以制作幻灯片、投影片、演示文稿，甚至是贺卡、流程图、组织结构图等。图 8-1 所示是 Word 2007 的工作界面。

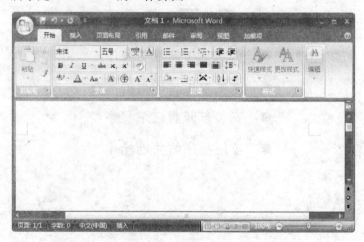

图 8-1 Word 2007 工作界面

在电脑办公领域，还有一款令国人骄傲的办公软件 WPS。在 DOS 操作系统盛行的年代，WPS 是中国最流行的文字处理软件。

现在 WPS 最新版为 2010 版，包括 WPS 文字、WPS 表格、WPS 演示三大功能软件，严格对应 Office 系列中的 Word、Excel、PowerPoint，可以使用户真正做到"零时间"上手，是一款跨平台的办公软件。它既可以在 Windows 操作系统上运行，还可以在 Linux 操作系统上运行。图 8-2 所示是 WPS 演示模块的工作界面。

图 8-2   WPS 演示模块的工作界面

8.1.2   图像类程序

一般地，图像类程序都是专业的软件，如果不是从事专业设计，没有必要安装。但是有两款图像类程序，有必要介绍一下。

一是看图软件 ACDSee，这几乎是每一台电脑中都要安装的一个应用程序，它主要是用于浏览图片。假设我们照了很多数码照片，希望在电脑上查看与欣赏，那么首选的看图工具就是 ACDSee，它是目前最流行的图像查看软件，广泛应用于图片的获取、管理、浏览与分享。图 8-3 所示为 ACDSee Photo Manger 12 的工作界面。

图 8-3　ACDSee Photo Manger 12 的工作界面

二是图像编辑软件 Photoshop，这是处理数码照片的专业级工具。时下所有的影楼、照相馆和摄影工作室几乎都使用 Photoshop 来完成照片的设计。Photoshop 的最新版本是 Photoshop CS5，如图 8-4 所示。使用它可以轻松地美化照片、润滑皮肤、设计特效、调整颜色等。

图 8-4　Photoshop CS5 的工作界面

8.1.3　娱乐类程序

娱乐类程序是供人们休闲、娱乐、放松身心的应用程序，可以是一些小游戏，也可以是音乐播放器、视频播放器等。在上一章中，我们介绍的 Windows XP 自带的小游戏就是非常不错的娱乐类程序。另外，娱乐类程序非常多，每个人都可以根据自己的个人爱好或需要选择安装一些娱乐程序，图 8-5 所示是游戏与视频的截图。

图 8-5　娱乐类程序截图

8.1.4　网络类程序

网络类程序主要是指基于网络或用于网络方面的应用程序，比如，聊天类程序有 MSN、QQ、POPO 等；上传与下载程序有迅雷、电驴、网际快车等；网络浏览器有 IE、傲游、火狐等，以上这些都属于网络类程序。

由于网络已经走入我们的生活，所以电脑上通常要安装常用的网络程序，如 IE、QQ、迅雷等，图 8-6 所示是 QQ 与迅雷的界面。

图 8-6　QQ 与迅雷界面

8.1.5 驱动程序

驱动程序全称为"设备驱动程序",是一种可以使计算机和硬件设备通信的特殊程序,相当于硬件的接口,操作系统只能通过这个接口,才能控制硬件设备的工作,假如某设备的驱动程序没有安装,这个硬件就不能正常工作。

在组装电脑时,当安装完操作系统以后,接下来便是安装硬件设备的驱动程序。大多数情况下,并不需要安装所有硬件设备的驱动程序,例如硬盘、显示器、光驱、键盘、鼠标等就不需要安装驱动程序,而显卡、声卡、扫描仪、摄像头、Modem 等则需要安装驱动程序。

驱动程序一般可通过三种途径得到,一是购买的硬件附带有驱动程序;二是 Windows 系统自带有大量驱动程序;三是从 Internet 上下载驱动程序。

📖 8.2 安装应用程序前的准备

我们在购买电脑时,电脑中往往只安装了一些基本的应用程序。如果这些程序不能满足用户的需要,用户就需要在自己的电脑上安装其他应用程序,应该做好下面的准备。

8.2.1 获取应用程序的途径

安装应用程序之前,首先需要获取应用程序。通常情况下,可以通过以下途径获取应用程序。

第一,购买厂家正版程序。一般情况下,在本地的数码商场都会有软件开发商销售代理,通过他们可以买到正版软件,但是价格较高。

第二,购买硬件时附带的程序。我们在购买电脑硬件或配件时,往往会附带一些实用的小程序,这是软件开发商与硬件开发商之间的捆绑销售。例如,购买可刻录 DVD 驱动器时,附赠的光盘中会有刻录程序;购买扫描仪时,附赠的光盘中会有扫描程序等。这些应用程序小巧实用,经济实惠。

第三,通过 Internet 下载试用版程序或免费版程序。我们可以在网络上获取许许多多的资源,例如,下载自己所需要的应用程序。但是试用版程序往往都有期限限制,一般为 15～30 天的使用期限。免费版程序多为实用的小程序,大型的专业程序不提供免费版,只有试用版。

8.2.2　找到安装序列号

获取了应用程序之后，安装之前还需要找到程序的安装序列号，大型的专业程序基本上都需要序列号，否则不能正常安装。

在购买商业版程序时，包装盒上或光盘中会提供安装序列号。另外，从 Internet 上下载的软件(如瑞星、东方快车等)，可以通过官方网站或电话获取。

免费版软件则不需要安装序列号。

8.2.3　找到可执行文件

初学者还要能够找到应用程序的可执行文件，即安装程序，这对于一些小程序而言，比较容易找到，因为它往往只有一个软件包，安装的时候双击它即可。

如果程序比较大，它的软件包中往往含有许多文件，安装时一定要找到它的可执行文件，一是通过名字来辨别，应用程序的安装程序名称一般为 Install.exe 或 Setup.exe，如果电脑隐藏了扩展名，它的名称则为 Install 或 Setup；二是通过图标来辨别，可执行文件的图标一般是一个与程序相关的小图案，如图 8-7 所示。

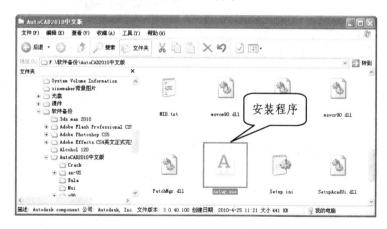

图 8-7　找到可执行文件

8.3　安装与卸载应用程序

前面介绍了应用程序的相关知识，那么获得了应用程序之后，应该如何安装？这一节中我们将介绍安装应用程序的不同方法以及如何卸载应用程序。

8.3.1 安装 Windows XP 组件

安装 Windows XP 时，为了节约计算机空间，很多组件没有安装。我们需要使用的时候，可以通过控制面板中的"添加/删除程序"图标进行安装。安装 Windows XP 组件的操作方法如下：

步骤 1：将 Windows 安装光盘插入光驱。

步骤 2：打开控制面板，双击"添加或删除程序"图标，如图 8-8 所示。

步骤 3：在打开的【添加或删除程序】窗口中单击左侧的"添加/删除 Windows 组件"图标，如图 8-9 所示。

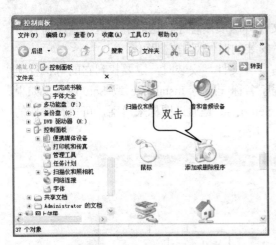

图 8-8　双击"添加或删除程序"图标　　　图 8-9　单击"添加/删除 Windows 组件"图标

步骤 4：在弹出的【Windows 组件向导】对话框中勾选需要安装的组件，例如"Outlook Express"，单击 下一步(N) > 按钮，开始安装所选组件，如图 8-10 所示。

步骤 5：安装完成后，返回到【添加或删除程序】窗口，关闭该窗口即可。

8.3.2 安装其他应用程序

对于 Windows XP 组件以外的应用程序，可以按照本节中介绍的方法进行安装。这类应用程序通常都是从网上下载的，或者使用光盘

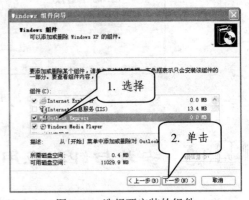

图 8-10　选择要安装的组件

安装。如果使用光盘安装，需要先将光盘插入光驱中。

在资源管理器中安装程序的方法如下：

步骤 1：打开资源管理器。

步骤 2：进入安装程序目录下，找到可执行的安装程序。

步骤 3：双击安装程序"Install.exe"或"Setup.exe"文件。

步骤 4：根据安装向导的提示，逐步安装程序即可。

除了使用资源管理器安装程序外，我们也可以通过【开始】菜单进行安装，操作方法如下：

步骤 1：将安装光盘插入光驱中。

步骤 2：单击 <u>　开始　</u> 按钮，在【开始】菜单中选择【运行】命令，如图 8-11 所示。

步骤 3：在弹出的【运行】对话框中输入安装程序的完整路径和名称，也可以单击 <u>浏览 (B)…</u> 按钮，在弹出的【浏览】对话框中选择安装程序，如图 8-12 所示。

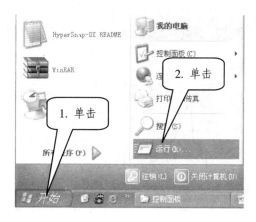

图 8-11　选择【运行】命令

图 8-12　选择安装程序

步骤 4：单击 <u>　确定　</u> 按钮，根据安装向导的提示，逐步安装程序即可。

8.3.3　卸载应用程序

当我们不再需要使用某个应用程序时，可以将其删除，删除应用程序与删除文件不一样，必须通过正确的卸载操作，才能将其比较彻底地删除。通常有两种卸载应用程序的方法。

一是通过卸载程序来删除应用程序。为了方便用户，很多程序都带有自身的卸载程序，通过它可以完成一键删除操作。不过，有些软件的卸载程序称为"卸载"，有的称为"Uninstall"，如图 8-13 所示。

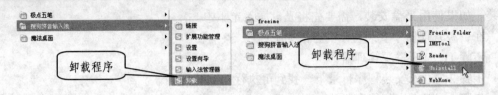

图 8-13　卸载程序

如果应用程序没有提供卸载功能，可以通过控制面板中的"添加或删除程序"功能来删除应用程序。通过控制面板删除程序的操作方法如下：

步骤 1：打开控制面板。

步骤 2：双击"添加或删除程序"图标，打开【添加或删除程序】窗口，如图 8-14 所示。

步骤 3：在【当前安装的程序】列表中选择要删除的程序，然后单击 删除 按钮，如图 8-15 所示。

图 8-14　【添加或删除程序】窗口

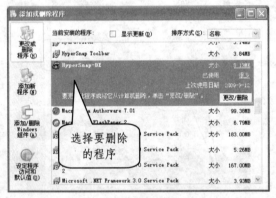

图 8-15　选择要删除的程序

步骤 4：这时系统将弹出提示框，询问用户是否要删除所选的程序，如图 8-16 所示。

步骤 5：单击 是(Y) 按钮，系统将删除所选程序，并出现提示框，最后单击 确定 按钮即可，如图 8-17 所示。

图 8-16　提示确认要删除的程序

图 8-17　提示已删除所选程序

8.4　应用程序的共性操作

应用程序虽然各不相同，但是它们有一些共性的操作，或者说有许多类似的操作，本节将简要介绍一下应用程序的共性操作。

8.4.1　启动应用程序

不同的应用程序有不同的功能，当我们需要工作时首先应该启动相应的应用程序。例如，我们需要写一篇文章，应该启动 Word 程序；如果想画一幅儿童画，可以启动"画图"程序。对于初学者来说，首要任务就是学会如何启动一个应用程序，并通过启动的程序来完成所需的工作。下面介绍三种启动应用程序的方法。

第一种方法：利用【开始】菜单启动。

"开始"按钮是一切工作的入口，单击 <kbd>开始</kbd> 按钮可以打开【开始】菜单，当在计算机中安装应用程序后，所有的应用程序都会在【开始】菜单中创建一个启动程序的快捷方式，该快捷方式一般位于【开始】菜单的【所有程序】选项中，如图 8-18 所示。

第二种方法：利用快捷方式启动。

启动应用程序的另一种方法是利用桌面上的快捷方式来启动。双击应用程序的快捷方式图标，就可以启动相应的程序，如图 8-19 所示。

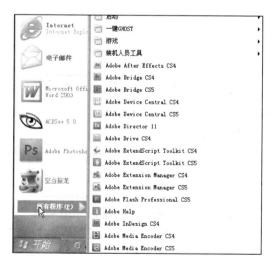

图 8-18　【开始】菜单中的程序快捷方式

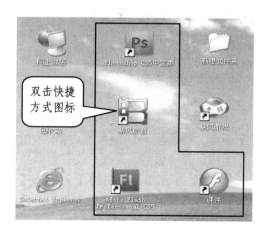

图 8-19　利用快捷方式启动程序

第三种方法：通过关联文件启动。

在计算机中，文件类型的多少与安装的应用程序有关。通常情况下，文件类型可以通过图标来确定，不同类型的文件，其图标与相应的应用程序图标相似。图 8-20 所示是几种常用的文件类型。

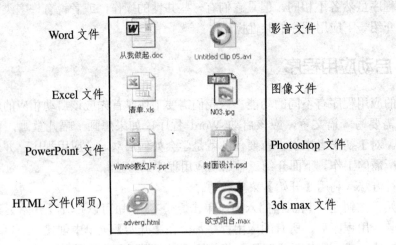

Word 文件   从我做起.doc   Untitled Clip 05.avi   影音文件

Excel 文件   清单.xls   N03.jpg   图像文件

PowerPoint 文件   WIN98教幻片.ppt   封面设计.psd   Photoshop 文件

HTML 文件(网页)   adverg.html   欧式阳台.max   3ds max 文件

图 8-20　几种常用的文件类型

我们双击某个文件图标，就可以启动它关联的应用程序，同时打开该文件。例如，要打开"从我做起.doc"文件进行编辑，直接双击"从我做起.doc"文件即可启动 Word 程序，同时打开该文件。

8.4.2　新建与保存文件

通常情况下，使用应用程序时需要新建文件，而完成任务以后需要保存文件。大多数专业的应用程序都遵循这个规律。新建文件的方法如下：

步骤 1：启动应用程序，一般情况下程序会自动创建一个新文件。

步骤 2：如果程序不自动创建文件(如 Photoshop)，则单击菜单栏中的【文件】/【新建】命令，或者按下 Ctrl+N 键，创建一个新文件。

完成了任务以后，要保存文件可以按如下方法操作。

步骤 1：单击菜单栏中的【文件】/【保存】命令，或者按下 Ctrl+S 键，如果是第一次执行该命令，这时会弹出【另存为】对话框。图 8-21 所示是 Word 程序的【另存为】对话框。

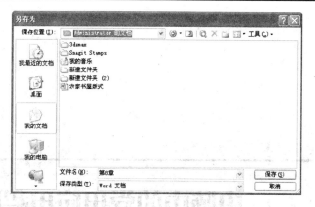

图 8-21 Word 程序的【另存为】对话框

步骤 2：按照要求输入文件名称，并设置保存路径。

步骤 3：单击 保存(S) 按钮即可。

8.4.3 退出应用程序

当不使用应用程序时要退出程序，以释放内存空间。一般情况下，退出应用程序可以采用下面两种方法。

第一，直接单击程序窗口右上角的"关闭"按钮。

第二，单击程序窗口的【文件】菜单，选择【退出】或【关闭】命令。

电脑中的常用应用程序

本章要点

- 文件压缩——WinRAR
- 图片浏览——ACDSee
- 音频播放——千千静听
- 视频播放——暴风影音
- 英语伴侣——金山词霸

电脑由硬件系统与软件系统两大部分组成，硬件决定了电脑的性能，而软件决定了电脑的功能。软件分类很多，其中，应用程序是直接与用户打交道的、为解决实际问题而开发的实用软件。通常，电脑中会安装一些常用的应用程序，如 WinRAR、ACDSee、千千静听、金山词霸等等，以方便压缩文件、浏览图片、听音乐等。在上一章中，介绍了应用程序的安装知识，这一章将介绍几款常用的应用程序。

📖9.1　文件压缩——WinRAR

WinRAR 是一款功能强大的压缩包管理程序，它既可以压缩文件，也可以解压文件，使用它可以压缩电子邮件的附件、要拷贝的数据文件，解压缩从网上下载的 RAR、ZIP2.0 及其他文件。下面介绍这款软件的使用方法。

9.1.1　压缩文件

WinRAR 可以压缩单个文件或者文件夹。在压缩文件时，既可以生成一个压缩包，也可以分卷压缩生成多个压缩包，还可以进行加密压缩、直接生成可执行文件。

1．常规压缩

使用 WinRAR 压缩文件或文件夹的方法非常简单，几乎只需一步即可完成，我们建议使用快捷菜单进行操作，这样方便得多。

步骤 1：如果要将多个文件压缩成一个压缩包，需要先建立一个文件夹，然后将要压缩的文件放到该文件夹中。

步骤 2：在要压缩的文件或文件夹上单击鼠标右键，在弹出的快捷菜单中选择【添加到"***.rar"】命令，如图 9-1 所示。

步骤 3：执行压缩以后，将出现如图 9-2 所示的进程提示框，如果中途想中断压缩，按下 Esc 键即可。

图 9-1　执行压缩命令

图 9-2 压缩进程提示框

2. 分卷压缩

如果一个文件比较大，不方便移动与传播，那么可以将它分卷压缩。例如，A 电脑上有一个 4 G 的文件，需要拷贝到 B 电脑上，而 U 盘的容量只有 1 G，那么就可以将这个文件分卷压缩成 4 个 1 G 的压缩包，具体操作步骤如下：

步骤 1：在要分卷压缩的文件或文件夹上单击鼠标右键，在弹出的快捷菜单中选择【添加到压缩文件】命令，如图 9-3 所示。

步骤 2：在弹出的【压缩文件名和参数】对话框中，从【压缩分卷大小，字节】下拉列表中选择分割后的文件大小，也可以直接输入自定义大小，如图 9-4 所示。

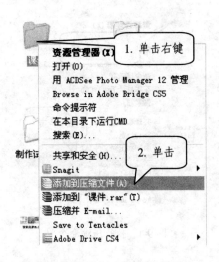

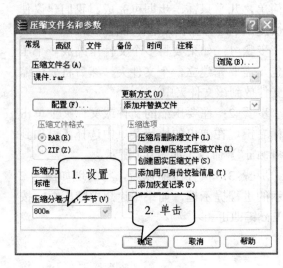

图 9-3 选择【添加到压缩文件】命令　　　　图 9-4 设置压缩分卷大小

步骤 3：单击 确定 按钮，开始分卷压缩，这时将出现压缩进程提示，如图 9-5 所示；压缩完成后，在同一个文件夹下可以看到生成的多个压缩包，如图 9-6 所示。

图 9-5　压缩进程提示

图 9-6　分卷压缩生成的多个压缩包

3. 加密压缩

对于一些重要的文件，在压缩时可以进行加密，即加密压缩。这样，只有知道密码的人才可以解压缩文件。加密压缩的操作步骤如下：

步骤 1：在要加密压缩的文件或文件夹上单击鼠标右键，在弹出的快捷菜单中选择【添加到压缩文件】命令。

步骤 2：在弹出的【压缩文件名和参数】对话框中单击【高级】选项卡，然后再单击其中的 设置密码(P)... 按钮，如图 9-7 所示。

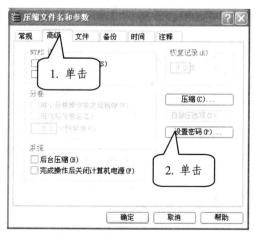

图 9-7　【高级】选项卡

步骤 3：在弹出的【带密码压缩】对话框中输入密码并确认，然后单击 确定 按钮，如图 9-8 所示。

图 9-8　输入密码并确认

步骤 4：在【压缩文件名和参数】对话框中单击 确定 按钮，开始压缩文件。

4. 压缩为可执行文件

压缩文件的目的是为了便于传输，当用户要使用压缩文件时，要先将文件解压缩后才可以使用。为了使没有安装 WinRAR 的用户也能使用压缩文件，可以将文件压缩为执行文件。这样不管用户是否装有 WinRAR 程序，都可以将压缩文件释放出来。

使用 WinRAR 程序压缩生成的可执行文件也称为"自解压文件"，即不需要借助 WinRAR 程序就可以解压缩。创建自解压文件的具体步骤如下：

步骤 1：在要压缩的文件上单击鼠标右键，在弹出的快捷菜单中选择【添加到压缩文件】命令。

步骤 2：在弹出的【压缩文件名和参数】对话框中勾选【创建自解压格式压缩文件】选项，如图 9-9 所示。

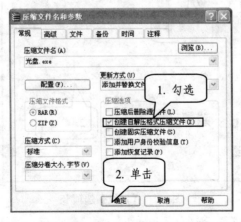

图 9-9　勾选【创建自解压格式压缩文件】选项

步骤 3：单击 确定 按钮，即可生成自解压文件，它的图标与普通压缩文件的图标略有不同，可以通过图标判定压缩文件的格式，如图 9-10 所示。

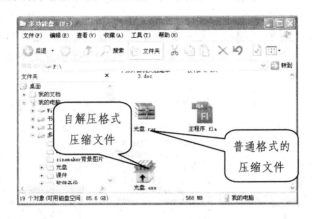

图 9-10   不同文件的压缩格式

对于已经制作好的 RAR 格式文件，可以先通过 WinRAR 程序打开，然后执行菜单栏中的【工具】/【压缩文件转换为自解压格式】命令，或单击工具栏中的 按钮，即可得到自解压格式的压缩包，如图 9-11 所示。

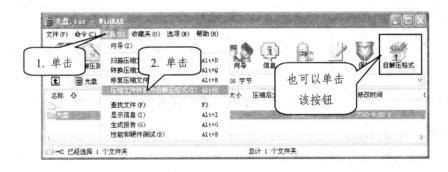

图 9-11   压缩文件转换为自解压格式

9.1.2 解压缩文件

压缩文件必须经过解压以后才能正常使用，解压文件有两种基本方式，一是解压到指定的文件夹；二是快速解压文件。

1. 解压到指定的文件夹

有时需要将压缩文件解压到指定的文件夹中，可以按如下步骤操作。

步骤 1：选择要解压缩的文件。

步骤 2：在其上单击鼠标右键，在弹出的快捷菜单中选择【解压文件】命令，如图 9-12 所示。

步骤 3：在弹出的【解压路径和选项】对话框中输入目标路径，即解压到的指定文件夹，如果该文件夹不存在，将自动创建该文件夹，然后选择相应的更新方式与覆盖方式，如图 9-13 所示。

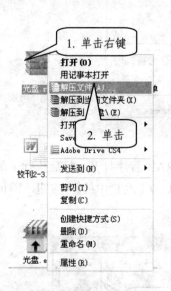
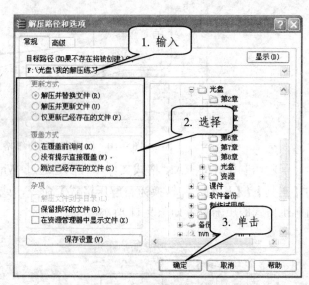

图 9-12　选择【解压文件】命令　　　　图 9-13　指定解压路径

步骤 4：单击 确定 按钮，即可将压缩文件解压到指定的文件夹中。

2. 快速解压文件

快速解压缩文件的操作步骤如下：

步骤 1：选择要解压缩的文件。

步骤 2：在其上单击鼠标右键，在弹出的快捷菜单中选择【解压到当前文件夹】命令，即可以将文件解压到同一个文件夹，名称不变。

9.2　图片浏览——ACDSee

ACDSee 最初是一款图像查看与浏览软件，但最新版本 ACDSee Photo Manager 12 的功能已经非常强大，不但可以浏览多种格式的图像，还可以对图像进行编辑和调整，同时还可以转换图像格式、批处理等。

9.2.1　工作界面介绍

在桌面上双击 ACDSee 的快捷方式图标，可以启动 ACDSee，图 9-14 所示是 ACDSee Photo Manager 12 的工作界面。

图 9-14　ACDSee 的工作界面

ACDSee 的主界面由菜单栏、功能选项卡、文件夹窗格、预览窗格、内容窗格、整理窗格等几部分组成。下面简要介绍各部分的功能。

↘　**菜单栏**：包括文件、编辑、查看、工具和帮助等菜单项，通过菜单可以使用 ACDSee 所有的命令和功能。

↘　**功能选项卡**：包括管理、视图、编辑和在线四个选项卡，通过它们可以切换到 ACDSee 相应的功能页面。进入不同的功能页面，界面与工具按钮会有所不同，以适应相应的操作。

↘　**文件夹窗格**：该窗格以目录树的结构排列，用于浏览各驱动器中的文件。

↘　**预览窗格**：该窗格中显示了选定图像的预览效果。

↘　**内容窗格**：该窗格以缩览图的形式显示了选定驱动器或文件夹中的文件，当指向一幅图像文件时，将自动显示一个较大的预览图，如图 9-15 所示。

↘　**整理窗格**：该窗格用于设置图像的评级、分类等，以便于快速浏览。

图 9-15　指向图像时自动显示大图

9.2.2　浏览图像

　　默认情况下，安装 ACDSee 以后，它将自动被设置为图像文件的关联程序，双击任意一个图像文件，都可以打开 ACDSee 的查看窗口进行查看。

　　除此以外，也可以在 ACDSee 的管理视图下浏览图像。例如，启动 ACDSee 并指定了文件夹之后，那么内容窗格中将显示该文件夹中的图像，如图 9-16 所示。

图 9-16　ACDSee 的管理视图

如果要查看某一幅图像，双击该图像即可，这时将自动切换到查看窗口，如图 9-17 所示。在查看窗口中再双击图像，可以快速返回 ACDSee 的管理视图。

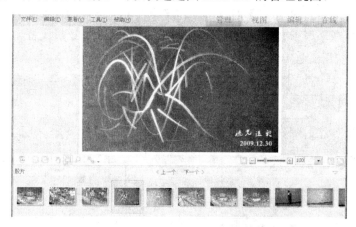

图 9-17　在查看窗口中浏览图像

9.2.3　重命名图像

在 ACDSee 的管理视图中，如果要为某个图像重命名，可以在内容窗格中的图像上单击鼠标右键，在弹出的快捷菜单中选择【重命名】命令，或者选择图像后按下 F2 键，此时图像文件的名称处于可编辑状态，如图 9-18 所示。在其中输入名称后按下回车键即可，如图 9-19 所示。

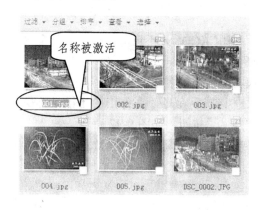

图 9-18　图像的名称处于可编辑状态

图 9-19　更改后的名称

此外，在 ACDSee 中还可以方便地对文件列表中的多幅图像进行批量重命名，具体操作方法如下：

步骤 1：在 ACDSee 管理视图中选择要重命名的多个图像，单击鼠标右键，在弹出的快捷菜单中选择【重命名】命令，如图 9-20 所示。

步骤 2：弹出【批量重命名】对话框，在【模板】选项卡的【模板】文本框中设置文件名，其中的"###"表示文件命名中不同的部分，一般以序号来代替，新旧名称可在对话框中进行预览，如图 9-21 所示。

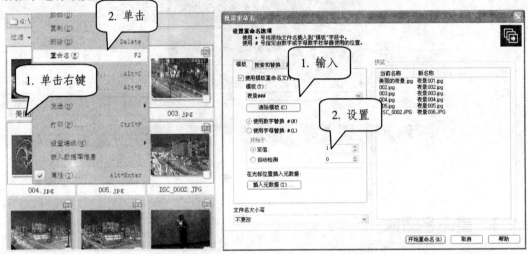

图 9-20　选择【重命名】命令　　　　　　　图 9-21　设置文件名

步骤 3：设置完成后单击 开始重命名 (R) 按钮，即可批量重命名图像文件。

9.2.4　格式转换

图像有很多种格式，如 PSD、JPG、BMP 等，利用 ACDSee 不仅能轻松实现单个图像的格式转换，还可以进行批量转换，具体操作步骤如下：

步骤 1：在 ACDSee 的管理视图中选择要转换文件格式的多张图片。

步骤 2：执行【工具】/【批处理】/【转换文件格式】命令，在弹出的【批量转换文件格式】对话框中选择要转换的目标格式，单击 下一步 (N) > 按钮，如图 9-22 所示。

步骤 3：在对话框的下一页中设置输出选项，如输出位置、是否保留原件等，然后单击 下一步 (N) > 按钮，如图 9-23 所示。

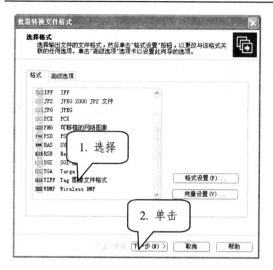

图9-22　选择要转换的目标格式

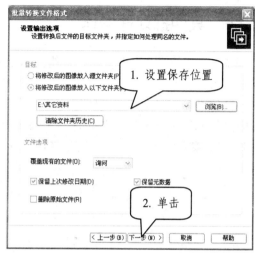

图9-23　设置输出选项

步骤4：在对话框的下一页中设置多页选项，如果不是多页图像（如 PDF 格式），不需要设置，直接单击 开始转换(C) 按钮，如图9-24 所示。

步骤5：转换完成后，此时出现转换进度页面，如图 9-25 所示，单击 完成 按钮即可。

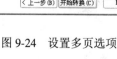

图9-24　设置多页选项

图9-25　完成转换文件

9.2.5 其他批处理操作

前面介绍的重命名图像、图像格式的转换操作都具有批处理功能，即一次性对多幅图像完成相同的操作，这是一种非常实用、高效的操作。

实际上 ACDSee 还有很多批处理操作，如批量更改图像大小、批量旋转/翻转等，它们的操作方法是一样的，首先选择多幅图像，然后执行【工具】/【批处理】菜单下的相关命令，如图 9-26 所示。这时会弹出向导对话框，在相应的提示信息下，逐步完成相应操作即可。

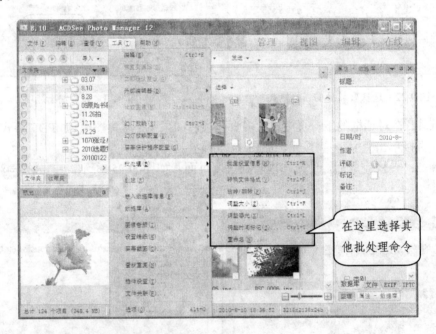

图 9-26 其他的批处理命令

9.2.6 复制与移动文件

ACDSee 具有基本的文件管理功能，可以完成类似资源管理器的功能，如移动文件、复制文件、删除文件等。下面介绍如何在 ACDSee 中复制或移动文件。

1. 复制文件

复制文件的具体操作步骤如下：

步骤 1：在内容窗格中选择一个或多个文件。

步骤 2：单击菜单栏中的【编辑】/【复制到文件夹】命令，如图 9-27 所示。

步骤 3：在弹出的【复制到文件夹】对话框中，指定文件要复制到的目标位置，如图 9-28 所示。

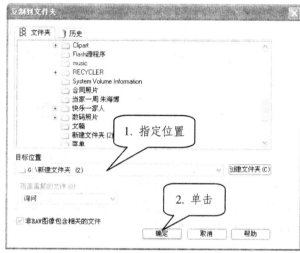

图 9-27　执行【复制到文件夹】命令　　　　图 9-28　指定文件要复制到的目标位置

步骤 4：单击 确定 按钮，即可将选择的文件复制到指定的文件夹中。

2. 移动文件

移动文件的具体操作步骤如下：

步骤 1：在内容窗格中选择一个或多个文件。

步骤 2：单击菜单栏中的【编辑】/【移动到文件夹】命令，在弹出的【移动到文件夹】对话框中指定移动文件的目标位置。

步骤 3：单击 确定 按钮，即可将选择的文件移动到指定的文件夹中。

9.2.7　编辑图像

随着软件的升级，ACDSee 已由原来的图像浏览工具演化成了一个功能比较强大的图像管理工具，既可以浏览图像，也可以管理图像，还可以编辑图像，而且它提供的图像编辑功能非常实用，包括选择、裁剪、修复、调色、制作边框、特效、添加文字等。

启动 ACDSee 以后，单击右上角的【编辑】选项卡，可以切换到 ACDSee 的编辑视图，如图 9-29 所示。

图 9-29　ACDSee 的编辑视图

在 ACDSee 的编辑视图下，左侧会出现编辑工具，一共分为七组，分别是选择、修复、添加、几何体、曝光/照明、颜色、详细信息。将每一组编辑工具展开后，会出现若干具体的编辑工具。下面以添加边框为例，介绍如何在 ACDSee 中编辑图像，具体操作步骤如下：

步骤 1：启动 ACDSee 并在管理视图中选择一幅图像。

步骤 2：单击右上角的【编辑】选项卡，切换到编辑视图，在编辑工具中展开【添加】选项组，然后单击其中的【边框】工具，如图 9-30 所示。

步骤 3：单击【边框】工具以后，则切换到【边框】参数面板，在这里可以设置边框的各项参数，如图 9-31 所示。

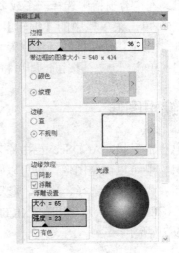

图 9-30　选择【边框】工具　　　　　　图 9-31　设置边框的各项参数

➥ **大小**: 用于设置边框的宽度。

➥ **颜色**: 用于设置边框的颜色。

➥ **纹理**: 用于设置边框的纹理, 它与【颜色】只能二选一。

➥ **直**: 选择该项, 边框为规则的直边。

➥ **不规则**: 选择该项, 可以将边框设置为系统预设的不规则边框。

➥ **阴影**: 选择该项, 可以使边框带有阴影效果。

➥ **浮雕**: 选择该项, 可以使边框产生浮雕效果, 并且可以设置浮雕的强度、大小与光源方向。

步骤 4: 根据要求设置参数即可, 如边框的纹理、颜色、边缘效应等, 这些参数均为所见即所得, 如图 9-32 所示。

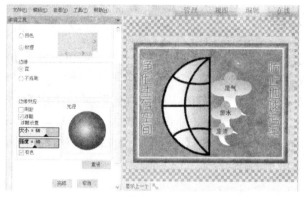

图 9-32　设置参数后的图像

步骤 5: 如果设置的参数不合适, 可以单击 重设 按钮, 重新设置; 如果得到了满意的效果, 单击 完成 按钮关闭【边框】参数面板, 结果如图 9-33 所示。

图 9-33　添加边框后的图像

步骤 6：单击 完成 按钮，则完成了边框的添加。

9.3   音频播放——千千静听

千千静听是一款非常流行的音频播放器，它支持多种音频格式，界面美观，音质完美，具有高精度还原听觉效果，深受广大用户的喜爱。一个音乐爱好者的电脑上，千千静听是必不可少的音乐播放工具，它除了可以播放本地音乐外，还能在线自动下载歌词，自由转换 MP3、WMA 和 WAV 等多种音频格式。

9.3.1   播放本地音乐

当在电脑上安装了千千静听软件之后，接上音箱，就可以欣赏美妙的音乐了。使用千千静听播放音乐的操作步骤如下：

步骤 1：在桌面上双击"千千静听"快捷方式图标，打开【千千静听】窗口，如图 9-34 所示。

步骤 2：按下 F4 键，或者单击【千千静听】窗口中的 按钮，可以打开【播放列表】窗口，如图 9-35 所示。

图 9-34   【千千静听】窗口

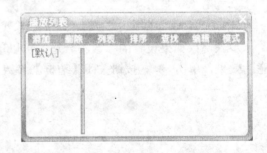

图 9-35   【播放列表】窗口

步骤 3：在【播放列表】窗口中单击"添加"按钮，在打开的下拉菜单中选择【文件】命令，如图 9-36 所示。

步骤 4：在弹出的【打开】对话框中选择要播放的音乐，并单击 打开 按钮，如图 9-37 所示，则可将选择的音乐添加到播放列表中。

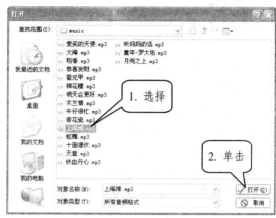

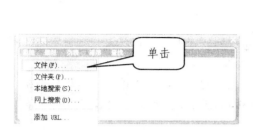

图 9-36　选择【文件】命令　　　　　　　图 9-37　选择要播放的音乐

步骤 5：在【播放列表】窗口中双击音乐，即可开始播放该音乐，如图 9-38 所示。

步骤 6：按下 F3 键，或者单击【千千静听】窗口中的 ▒▒ 按钮，可以打开【均衡器】窗口，如图 9-39 所示。通过均衡器可以调音。

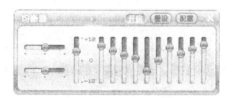

图 9-38　双击要播放的音乐　　　　　　　图 9-39　【均衡器】窗口

9.3.2　制作播放列表

在工作或休息时，播放一段轻音乐或流行歌曲，是一件很惬意的事情。但是如果频繁地去选择音乐，非常麻烦。如果我们喜欢的音乐能够一首接一首地播放当然最好了，这时可以通过制作播放列表来实现，具体操作步骤如下：

步骤 1：启动千千静听，按下 F4 键打开【播放列表】窗口。

步骤 2：单击"列表"按钮，在打开的下拉菜单中选择【新建列表】命令，如图 9-40 所示。

步骤 3：在列表栏中会创建一个新列表，修改名称为"我喜欢的歌"，如图 9-41 所示。

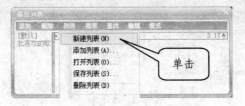

图 9-40　选择【新建列表】命令　　　　图 9-41　创建新列表

步骤 4：按照前面的方法，单击"添加"按钮，向列表中添加自己喜欢的音乐，如图 9-42 所示。

步骤 5：如果要将一个文件夹中的所有音乐添加到列表中，可以单击"添加"按钮，在打开的下拉菜单中选择【文件夹】命令，如图 9-43 所示。在弹出的【浏览文件夹】对话框中指定文件夹即可。

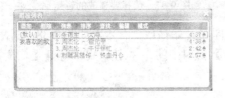

图 9-42　添加的音乐　　　　图 9-43　添加文件夹中的所有音乐

步骤 6：单击"列表"按钮，在打开的下拉菜单中选择【保存列表】命令，将编辑的列表保存起来。以后要播放的时候，打开列表即可。

9.3.3　从播放列表中删除音乐

当用户对播放列表中的某些音乐不感兴趣时，可以直接从播放列表中将其删除，具体操作步骤如下：

步骤 1：在【播放列表】窗口中选择要删除的音乐文件，如图 9-44 所示。

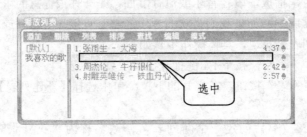

图 9-44　选中要删除的文件

步骤 2：单击"删除"按钮，在打开的下拉菜单中选择【选中的文件】命令，则可以删除选中的文件，如图 9-45 所示。

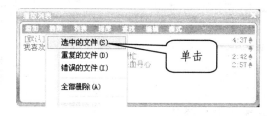

图 9-45　执行删除命令

步骤 3：如果要全部删除，则在下拉菜单中选择【全部删除】命令。

9.3.4　快速定位音乐

当播放列表中的音乐非常多，而我们只希望播放其中的某一首时，如果通过播放列表中的滚动条来寻找音乐比较花费时间。千千静听提供了查找定位的功能，可以快速地找到要播放的音乐，具体操作步骤如下：

步骤 1：在【播放列表】窗口中单击"查找"按钮，在打开的下拉菜单中选择【快速定位】命令，如图 9-46 所示。

步骤 2：在弹出的【快速定位文件】对话框中输入音乐名的关键字，如"海"，如图 9-47 所示。

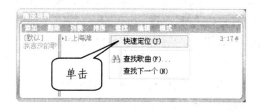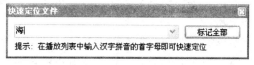

图 9-46　执行【快速定位】命令　　　　图 9-47　输入音乐名的关键字

步骤 3：单击右侧的 标记全部 按钮，则列表中音乐名称含"海"字的全被标记出。

9.3.5　设置播放模式

千千静听提供了多种播放音乐的模式，用户可以根据自己的要求进行设置。通过在播放列表中设置播放模式，可以实现音乐的顺序播放、循环播放、随机播放等。设置播放模式的具体操作步骤如下：

步骤 1：在【播放列表】窗口中单击"模式"按钮，打开播放模式的下拉菜单，如图 9-48 所示。

步骤 2：在下拉菜单中选择不同的播放模式即可。

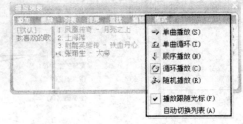

图 9-48　播放模式菜单

➦ **单曲播放**：这种模式只播放当前选中的单曲音乐，播放完以后自动停止，等待新的指令。

➦ **单曲循环**：这种模式循环播放当前选中的音乐。

➦ **顺序播放**：这种模式按照音乐在播放列表中的顺序依次播放。

➦ **循环播放**：这种模式循环播放列表中的音乐。

➦ **随机播放**：这种模式随机播放列表中的音乐，没有任何规律。

➦ **播放跟随光标**：勾选该命令，则将选中的音乐作为下一个播放对象。

➦ **自动切换列表**：勾选该命令，则播放完一个列表中的音乐以后，自动切换到下一个列表。

📖 9.4　视频播放——暴风影音

暴风影音是暴风网际公司推出的一款视频播放器，该播放器兼容大多数的视频和音频格式，是最优秀的影音播放器之一，拥有庞大的客户端和用户群体。它具有稳定灵活的安装、卸载、维护和修复功能，并集成了优化的解码器组合，适合大多数以多媒体欣赏为需要的用户。

暴风影音的最新版本是暴风影音 2012，全面接入央视视频内容和高清影视节目，内容更丰富，同时大幅降低了系统资源占用，进一步提高了播放的流畅度。

9.4.1　播放本地视频文件

暴风影音支持 500 种文件格式，它能播放多种格式的文件，如 QuickTime AVI、MPEG、FLV、WAV、MKV 等流行视频与音频格式。用户可以使用它来播放电影，具体操作步骤如下：

步骤 1：双击桌面上的快捷图标，启动暴风影音，如图 9-49 所示。

步骤 2：在【暴风影音】窗口中单击"正在播放"右侧的 ▧ 按钮，在打开的下拉菜单中选择【打开文件】命令，如图9-50所示。

步骤3：在【打开】对话框中双击要播放的文件，如图9-51所示。

步骤4：这时，播放器将自动播放选择的文件，右侧的播放列表中将显示已经播放过的文件名称，如图9-52所示。

图9-49　启动暴风影音

图9-50　执行【打开文件】命令

图9-51　双击要播放的文件

图9-52　播放双击的文件

当播放视频文件时，通过暴风影音下方的控制按钮，可以控制视频的播放或暴风影音的基本设置，如图9-53所示。

图9-53　暴风影音的控制按钮

➥ 单击 ▨ 按钮，可以打开要播放的视频文件。

➥ 单击 ▨ 按钮，可以停止正在播放的视频文件。

➥ 单击 ◄ 按钮，可以切换到播放列表中的上一个视频文件。

➥ 单击 ►▎按钮，可以切换到播放列表中的下一个视频文件。

➥ 单击 ►▎按钮，可以播放当前选中的视频文件。当播放视频文件时，该按钮变为 ▮▮ 按钮，单击它可以暂停播放。

➥ 单击 ▨ 按钮，则关闭视频的声音，其右侧的滑块可以控制音量的大小。

➥ 单击 ▤ 按钮，可以打开或关闭播放列表。

➥ 单击 ▨ 按钮，可以为播放器更换皮肤。

➥ 单击 ▨ 按钮，可以打开【设置】对话框，设置音频、视频、字幕等内容。

➥ 单击 ▨ 按钮，可以打开暴风盒子，它是一个在线网络视频的功能窗口，可以实现"一点即播"的功能。

9.4.2 连续播放文件

暴风影音不仅可以播放多种格式的文件，还可以连续播放文件，具体操作步骤如下：

步骤 1：启动暴风影音，在播放列表中单击 ➕ 按钮，如图 9-54 所示。

步骤 2：在弹出的【打开】对话框中选择要播放的多个文件，如果要选择不连续的多个文件，需要按住 Ctrl 键进行选择，然后单击 打开(O) 按钮，如图 9-55 所示。

图 9-54　单击"添加到播放列表"按钮　　　　　图 9-55　选择要播放的文件

步骤 3：将多个文件添加到播放列表以后，在列表中双击第一个文件，即开始按照列表中的顺序连续播放，如图 9-56 所示。

步骤 4：在播放列表中单击 ▨ 按钮，在打开的下拉菜单中可以选择不同的模式，如图 9-57 所示。暴风影音将按照指定的模式播放列表中的文件。

图 9-56　播放列表中的第一个文件

图 9-57　选择播放模式

9.4.3　实用的记忆功能

暴风影音拥有记忆功能，能够记录用户上次观看影片的具体位置，让用户可以接着继续观看，不用再浪费时间去寻找上次中断的地方。

步骤 1：在播放列表上方单击"主菜单"按钮■，在打开的下拉菜单中选择【收藏】/【上次退出时播放进度】/【自动记录】命令，启用该功能，如图 9-58 所示。

步骤 2：再次单击"主菜单"按钮■，在打开的下拉菜单中选择【收藏】/【添加到收藏夹】命令，如图 9-59 所示。

图 9-58　启用"自动记录"功能

图 9-59　选择【添加到收藏夹】命令

步骤 3：在弹出的【加入收藏】对话框中输入快捷方式名称，如输入"上次停止的位置"，并勾选【记住位置】选项，然后确认，如图 9-60 所示。

步骤 4：按照前面的步骤打开【收藏】命令，其子菜单中则出现刚加入收藏的【上次停止的位置】命令，如图 9-61 所示，单击它即可接着上次停止的位置继续观看。

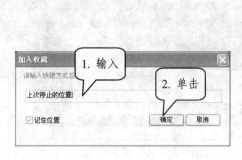

图 9-60　输入快捷方式名称

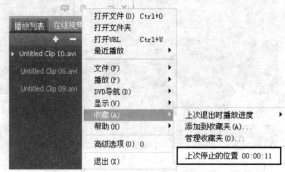

图 9-61　添加的命令

9.4.4　控制播放窗口大小

在播放视频的过程中，我们可以根据自己的需要随意调整播放窗口的大小，主要有两种调整窗口大小的方法。一是像调整 Windows 窗口的大小一样，将光标置于【暴风影音】窗口的边框上，当光标显示为双向箭头时，拖动鼠标可以调整其大小。二是利用暴风影音提供的功能进行调整。在播放视频时，将光标指向播放窗口的左上角，这里提供了一排按钮，可以快速地实现窗口大小的切换，如图 9-62 所示。

图 9-62　窗口切换按钮

通过单击这些按钮，可以使播放窗口在全屏、半屏、100%屏幕、1.5 倍屏幕、2 倍屏幕、最小窗口之间进行切换。

9.4.5　用暴风影音在线看电影

通过暴风影音还可以在线看电影与电视，其操作方法非常简单，启动暴风影音之后，单击右上角的【在线视频】选项卡，然后在列表中选择自己喜欢的影视或新闻，双击它即可观看，如图 9-63 所示。

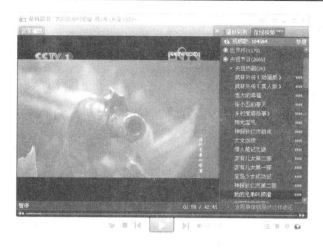

图 9-63　在线看电影与电视

📖 9.5　英语伴侣——金山词霸

金山词霸是一款多功能电子词典类的工具软件，它是学习英语的好伴侣，功能强大、轻巧易用，可以实现即指即译、单词查询、句子互译等功能。

9.5.1　基本界面

在桌面上双击"金山词霸 2010"图标，启动金山词霸，窗口如图 9-64 所示。

它有四个选项卡，代表了四大基本功能，分别是词典、句库、翻译和汉语。其下方为查询栏，通过它可以查询中英文单词。查询栏的下方是一个多功能窗口，既是单词的释义区，也是在线资讯区。如果电脑在线，可以显示英语资讯、写作句库、汉语百科等网络内容；而当查询单词时，这里则显示单词的词性、音标、解释、例句、短语、相关词汇等。

图 9-64　金山词霸 2010 界面

9.5.2　单词查询

　　金山词霸是一部超级"辞海"，共包括 150 多部词典，涵盖了 70 多个专业领域，支持单词、短语、句子的模糊查询。

　　查询单词的方法很简单，如果要查英文单词，则在查询栏中输入英文单词(如 computer)，按下回车键，即可得到查询结果，如图 9-65 所示；如果需要查中文词语，则输入中文词语(如美丽)，按下回车键，即可得到其英文翻译，如图 9-66 所示。

图 9-65　查询英文单词

图 9-66　查中文词语

　　无论是查询英文单词还是中文词语，都会得到丰富的信息，除了"基本释义"以外，还会有相关的信息，如同反义词、常用词组、例句等。另外，单击英语音标或汉语拼音右侧的 按钮，可以播放单词或词语的发音。

　　连按两下 Alt 键，可以快速调出写作助手，这是一个非常实用的小工具，只有一个查询栏，在写作时，如果我们遇到了不会翻译的单词，直接输入到查询框，下方就会出现相关的英语(或中文)翻译，如图 9-67 所示。

　　如果要输入查到的单词，单击它即可输入，如单击"beauty"，它会直接输入到文本中，而按下回车键则输入"美"，不愧称之为"写作助手"，非常实用。

图 9-67　写作助手

9.5.3　屏幕取词

　　使用金山词霸的屏幕取词功能，可以翻译屏幕上任意位置的中文或英文单词与词组，即中英文互译。中英文单词的释义显示在屏幕上的浮动窗口中，用户可以随时通过设置暂停或恢复屏幕取词功能。

　　开启屏幕取词功能以后，当将光标指向一个字或词时，就弹出取词界面，并出现对应的中英文解释，这一功能也叫"即指即译"。图 9-68 所示是将光标指向汉字"位置"时出现的取词界面，此时将光标指向取词界面，则其右上角便出现一个微型工具栏，如图 9-69 所示。

位置

位置 [wèi zhì]

locality　location　place　position　situation
station

1.（所在或占的地方）seat; place; location;
site 2.（地位）place; position 3.{航}
position

图 9-68　取词界面

位置

位置 [wèi zhì]

locality　location　place　position　situation
station

1.（所在或占的地方）seat; place; location;
site 2.（地位）place; position 3.{航}
position

图 9-69　微型工具栏

在金山词霸取词界面的工具栏中共有 7 个按钮，它们的功能如下：

- 单击 　 按钮，可以方便地切换到查词典模式。
- 单击 　 按钮，可以打开与关闭查询输入框。
- 单击 　 按钮，可以选择即指即译中的单词解释，以便进行复制操作。
- 单击 　 按钮，可以将单词添加到生词本中。
- 单击 　 按钮，可以打开【屏幕取词划译设置】对话框，用于设置取词方式、取词范围等。
- 单击 　 按钮，可以锁定取词界面的位置，避免其跟随鼠标移动。
- 单击 × 按钮，可以关闭取词界面。

9.5.4　使用句库

　　金山词霸的句库提供以生词为关键字的网上查询例句功能，这项功能需要在互联网上才可以使用，它可以查询例句、常见词搭配、同义词辨析、情景会话、妙词推荐等，操作简单，功能实用，查询得到的多是一些简单的短句，但是这些标准的日常短句对于写作来说非常有益。图 9-70 所示为单词"眼睛"的句库，单击 会话 按钮，可以出现"眼睛"的情景会话，如图 9-71 所示。

图 9-70　单词"眼睛"的句库　　　　　图 9-71　"眼睛"的情景会话

对于英文单词来讲，句库的查询例句功能同样实用。例如在【句库】选项卡下输入 trouble 后，按下回车键，则出现与单词 trouble 相关的句库信息，如图 9-72 所示。如果内容较多，可以通过拖动右侧的滚动块进行查看，如图 9-73 所示。

 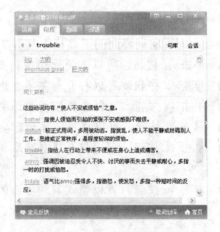

图 9-72　与单词 trouble 相关的句库信息　　　　图 9-73　拖动滚动块进行查看

9.5.5　中英文互译

金山词霸还有中英文互译功能，切换到【翻译】选项卡，即可进行中英文互译，这里的翻译功能并不是单词翻译，而是全文翻译，其窗口的上方用于输入要翻译的文字段落，既可以是中文也可以是英文，然后按下 Ctrl+Enter 键，即可快速得到翻译结果。图 9-74 所示为英译汉，图 9-75 所示为汉译英。

图 9-74　英译汉　　　　　　　　　　　　　　图 9-75　汉译英

9.5.6　汉语词典

金山词霸 2010 的汉语词典功能是新增功能，用户除了可以使用金山词霸查询英语单词或短语外，还可以查汉语词汇，甚至是成语、诗词歌赋等。这项功能需要在线查询，切换到【汉语】选项卡，然后输入要查询的关键字，按下回车键即可得到相关的信息，如图9-76 所示。

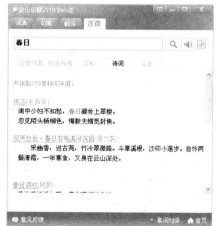

图 9-76　使用汉语查询功能查询成语与诗词

第 **10** 章

电脑的维护与安全

本 章 要 点

- 电脑的日常维护
- 磁盘的检查与清理
- 系统还原
- 查杀电脑病毒

对于大部分家庭来说，电脑都属于一个"大件"。虽然它的价格已从上万元降到了几千元，但对一些家庭来说仍然是一笔不菲的开支。另外，电脑属于一种精密的电子设备，所以在使用电脑时要爱护电脑，确保其安全性、顺畅性与高效性，让它充分发挥出应有的功能，因此，电脑的日常维护尤其重要。本章将针对电脑的安全使用与维护方面进行介绍，希望能给读者带来一定的帮助。

10.1　电脑的日常维护

电脑的使用寿命和使用环境与使用者的操作习惯密不可分。在电脑的日常维护方面，首先要确保电脑有一个良好的使用环境，其次是正确的操作方法，避免因操作不当导致电脑故障频发。

10.1.1　确保良好的使用环境

由于电脑采用的是高集成的电路板，损坏以后维修成本较高，从爱护电脑的角度出发，我们应该给它一个良好的工作环境，主要是温度、湿度、通风等条件要适宜。

1. 合适的温度

电脑工作的最佳温度是 5～30℃，并且要保持通风良好。由于电脑在工作时会散发很大的热量，如果室温过高，散热就会受到影响，当不能有效地散热时，往往会出现"死机"现象，甚至出现更严重的情况，如烧毁电脑元件、缩短使用寿命等。如果温度过低，可能会造成电脑机箱内各板卡接触不良，或者开机后局部温度上升过快而影响板卡的使用寿命。

一般情况下，家庭的室温都不会低于 5℃，但是可能会超过 30℃，这时如果电脑的运行受到影响，可以打开机箱盖，或者在旁边放一个小电风扇，这都是加快散热速度的实用方法。

2. 理想的湿度

电脑工作的理想湿度是相对湿度为 30%～70%。对于家庭来说，湿度的问题我们没有办法控制，但是可以从另外的角度去保护电脑。

空气湿度较大的地区，电脑的电路板容易"返潮"，容易生锈，解决办法就是定期开机，利用电脑自身的热量驱散潮湿，最大限度地降低潮湿对电脑板卡的影响。

空气相对干燥的地区，容易产生静电，它的危害是直接引发电路故障，烧毁电脑板卡，特别是在拆装电脑时，用手接触板卡最容易发生故障。笔者曾因静电烧毁了一个硬盘，所以，最好先用手触摸接地的导体释放静电后，再接触电脑配件。

3. 保持一定的清洁度

电脑运行时会产生静电，而静电吸附灰尘，时间久了电脑中的灰尘就会越积越多，它会造成电脑板卡接触不良或运行不稳定，甚至影响使用寿命，另外，一些电脑部件(如键盘、鼠标、显示器等)也会因为灰尘而影响使用寿命。

此外，我们还要注意以下几个方面：一是不要在电脑前吸烟、吃零食，使用电脑时要保持手的清洁；二是定期清理机箱内、键盘上的灰尘。

4. 稳定的电源

电脑运行时需要一个稳定的电源，电压的正常范围应在 220 V ± 10%。当电压不稳时，要慎用电脑，否则会导致电脑重新启动或造成数据丢失，严重时还可能损坏电脑。对于经济条件好的家庭，而且本地区有经常性停电的现象，建议配置一台 UPS，以减少突然停电对电脑造成的物理损害或数据丢失。

5. 防止磁场干扰

家庭中使用电脑时，应该与其他电器保持合理的距离，防止磁场干扰，因为磁场对电脑的很多部件都会产生影响，比如显示器出现异常抖动或偏色等。所以，电脑的附近不要有较强的磁场，将电脑与电视、冰箱等其他家电的距离稍远一些。

10.1.2　养成良好的使用习惯

良好的使用习惯对用户有益，对电脑也有益，它不仅使我们工作轻松愉快，也让我们的电脑运行更加稳定。初学者一开始就要养成良好的使用习惯。

1. 正确开机与关机

电脑在开关机时都会对配件造成一定的冲击，不正确的开关机顺序或者频繁地开关机会缩短配件的寿命，尤其对硬盘的损害会较为严重。

在第 1 章中我们介绍了开、关机顺序，一定要严格遵守。正确的开、关机应该是先开外围设备，后开主机；关机时应通过 Windows XP 系统下达关机命令，由 Windows 完成关机，最后切断电源。

在使用电脑的过程中，还要避免频繁开关机、强行关机。频繁开关机会产生强大的电流冲击，极易损伤电脑硬件；而强行关机会丢失数据或损伤硬盘，如果遇到"死机"情况，应尝试使用 Ctrl+Alt+Delete 热键或 RESET 按钮重新启动，不到万不得已，不要通过按住主机上的电源按钮不放来强行关机。

2. 严禁带电拔插设备

在电脑运行时，绝对禁止带电拔插各板卡、外围设备等，切忌在带电状态下打开主机箱，对硬件设备进行操作。

不过 USB 设备除外，因为它是支持热拔插的设备，如 U 盘、手机、数码相机等，可以在通电的情况下进行拔插，但前提是已经正常退出 USB 设备。

3. 防止震动

电脑均应避免震动，特别是在工作状态时，较大的震动会对硬盘等部件产生影响，或者是影响到板卡的接触。即使是关机状态，也应平稳地移动电脑，避免强烈震动。所以，应该尽量减少电脑的搬动次数，尤其不要在电脑处于工作状态时搬动电脑。

4. 不要影响通风

电脑的机箱上、电源上都有通风口，其作用是减少电脑运行产生的热量，所以在摆放电脑时，要注意不要影响机箱的通风，避免通风口被其他物品堵塞，或排风不畅。

5. 不要将光盘长期放在光驱中

这是初学者不太注意的一个问题，即使使用完了光盘也不退出，长时间地将光盘放在光驱中，这是非常不好的习惯。因为每次开机，电脑都要对光盘进行读取，所以这样会减慢系统的启动速度，另外，光盘长期放在光驱中，还容易吸附灰尘，加速磁头的老化，影响光驱的使用寿命。

6. 定时查杀病毒

电脑病毒比较猖獗，传播途径主要是网络、U 盘、光盘等，其危害较大，轻则使电脑运行速度减慢、死机；重则删除电脑数据，导致系统瘫痪、无法启动等。所以电脑要安装杀毒软件，定期查杀病毒。

7. 关机后切断电源

关机后一定要拔下电源插头，真正切断电源，这样可以有效避免一些意外的自然灾害，例如雷击、电火等。雷雨较多而且避雷设施又不好的地区，每年都有雷击现象发生，导致家电被烧毁。面对自然灾害，我们无法抗拒，但是可以有效避免，良好的使用习惯是至关重要的。电闪雷鸣时，最好不要使用电脑，关机后要记住切断电源。

重点提示　　记住，电脑是买来用的，不是摆设品。所以，对于初学者而言，不要因为电脑比较娇贵就走向另一个极端，不舍得使用电脑。我们只是强调要给电脑一个安全的环境与正确的使用方法。

📖 10.2   磁盘的检查与清理

磁盘是电脑的"仓库"，所有的程序与数据都存储在这里，在电脑工作的时候，需要频繁地从磁盘上读取、写入数据。所以，要使磁盘高效地工作，就要定期地检查与维护磁盘。

10.2.1   磁盘查错

当使用电脑一段时间以后，由于频繁地向硬盘上安装程序、删除程序、存入文件、删除文件等，可能会产生一些逻辑错误，这些逻辑错误会影响用户的正常使用，如报告磁盘空间不正确、数据无法正常读取等。利用 Windows XP 的磁盘查错功能可以有效地解决上述问题，具体操作方法如下：

步骤 1：打开【我的电脑】窗口，在需要查错的磁盘上单击鼠标右键，从弹出的快捷菜单中选择【属性】命令，如图 10-1 所示。

步骤 2：在打开的【属性】对话框中切换到【工具】选项卡，单击 开始检查(C)... 按钮，如图 10-2 所示。

图 10-1   选择【属性】命令

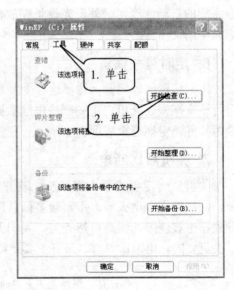

图 10-2   开始查错

步骤 3：在弹出的【检查磁盘】对话框中有两个选项，其中【自动修复文件系统错误】主要是针对系统文件进行保护性修复，初学者可以不用管它，只选中下方的【扫描并试图恢复坏扇区】选项即可，然后单击 开始(S) 按钮，如图 10-3 所示。

步骤 4：磁盘管理程序开始检查磁盘，这个过程不需要操作，等待一会儿，将出现磁盘检查结果，如果有错误则加以修复；如果没有错误，单击 确定 按钮即可，如图 10-4 所示。

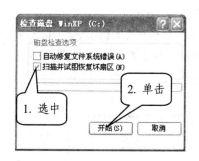

图 10-3　检查选项设置

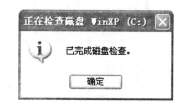

图 10-4　检查结果

磁盘检查程序事实上是磁盘的初级维护工具，建议用户定期(如每一个月或两个月)检查磁盘。另外，如果觉得磁盘有问题，也要先运行磁盘检查程序进行查找。

10.2.2　磁盘碎片整理

首先要明确"磁盘碎片"是指存储在磁盘上的零碎文件，而不是磁盘的物理碎片。在图 10-5 中，一个方格代表一个"簇"，有黑点的方格代表被占用。长期使用电脑的过程中，由于删除文件的操作，会使磁盘上出现很多空闲的"簇"，当再存储其他文件时，则优先占用这些空闲的"簇"，这样，文件在磁盘上就不是一个连续的状态，而是一段一段的，我们形象地称之为"磁盘碎片"，如图 10-6 所示。

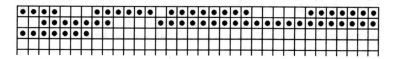

图 10-5　磁盘使用状态示意图

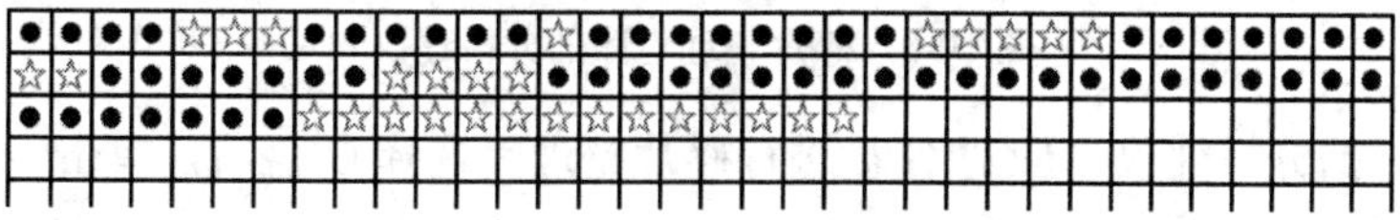

图 10-6　磁盘碎片示意图

重点提示　　簇是操作系统使用的逻辑概念，而非磁盘的物理特性，磁盘的最小物理存储单元是扇区，但是操作系统无法对数目众多的扇区进行寻址，所以就将相邻的扇区组合在一起，形成一个"簇"，然后对簇进行管理。

磁盘碎片整理就是使磁盘上的文件重新排布，让同一个文件的数据连续排列，从而提高程序的运行速度。整理磁盘碎片的具体操作步骤如下：

步骤 1：打开【开始】菜单，执行其中的【所有程序】/【附件】/【系统工具】/【磁盘碎片整理程序】命令，即可打开【磁盘碎片整理程序】对话框，如图 10-7 所示。

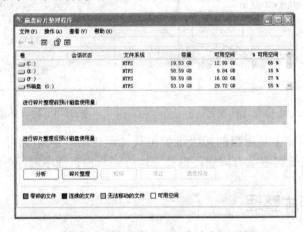

图 10-7　【磁盘碎片整理程序】对话框

步骤 2：在【磁盘碎片整理程序】对话框上方的列表中选择要整理碎片的磁盘，单击 分析 按钮，这时系统将对所选磁盘进行分析，并给出分析建议。图 10-8 所示是系统对两个磁盘分析后给出的分析建议。

 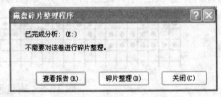

图 10-8　碎片整理程序的分析建议

步骤 3：根据分析建议，应对 C 盘进行碎片整理。选择 C 盘后，单击 碎片整理(D) 按钮，系统开始整理碎片，如图 10-9 所示。

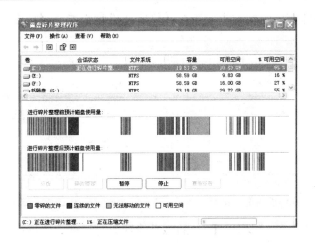

图 10-9　磁盘碎片整理的过程

步骤 4：整理碎片时需要的时间比较长，完成整理后，在【磁盘碎片整理程序】对话框中将显示整理结果，如图 10-10 所示。

图 10-10　磁盘碎片整理报告

10.2.3　磁盘清理

Windows 在使用特定的文件时，会将这些文件保留在临时文件夹中；浏览网页的时候会下载很多临时文件；有些程序非法退出时也会产生临时文件……基于上述原因，时间久了，磁盘空间就会被过度消耗，如果要释放磁盘空间，逐一去删除这些文件显然是不现实的，而磁盘清理程序可以有效解决这一问题。

磁盘清理程序可以帮助用户释放磁盘上的空间，该程序首先搜索驱动器，然后列出临时文件、Internet 缓存文件和可以完全删除的文件，具体使用方法如下：

步骤 1：打开【开始】菜单，执行其中的【所有程序】/【附件】/【系统工具】/【磁盘清理】命令，打开【选择驱动器】对话框，如图 10-11 所示。

步骤 2：在【驱动器】下拉列表中选择要清理的驱动器，然后单击 确定 按钮，这

时会弹出【磁盘清理】提示框，提示正在计算所选磁盘上能够释放多少空间，如图 10-12
所示。

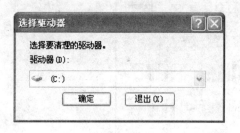

图 10-11　【选择驱动器】对话框　　　　　　　　　　图 10-12　【磁盘清理】提示框

　　步骤 3：计算完成后，则弹出【***的磁盘清理】对话框，告诉用户所选磁盘的计算结
果，如图 10-13 所示。

　　步骤 4：在【要删除的文件】列表中勾选要删除的文件，然后单击 确定 按钮，即
可对所选驱动器进行清理，【磁盘清理】对话框如图 10-14 所示。

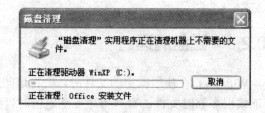

图 10-13　【***的磁盘清理】对话框　　　　　　　图 10-14　磁盘清理过程

10.2.4　备份与还原数据

　　备份是指将电脑中重要的数据复制下来，当电脑中保存的原文件被破坏时，使用备份
文件可以进行补救。备份数据的具体操作步骤如下：

　　步骤 1：打开【开始】菜单，执行其中的【所有程序】/【附件】/【系统工具】/【备份】命令，则弹出【备份或还原向导】对话框，单击其中的 下一步(N) > 按钮，如图 10-15 所示。

步骤 2：在向导对话框的下一个页面中选择【备份文件和设置】选项，然后再单击 下一步(N) > 按钮，如图 10-16 所示。

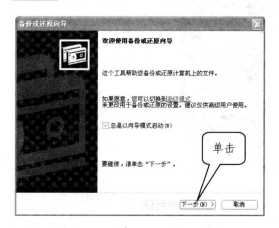

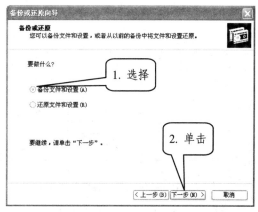

图 10-15　【备份或还原向导】对话框　　　　图 10-16　选择【备份文件和设置】选项

步骤 3：在下一个页面中共有 4 个选项，用户可以在其中选择要备份的内容，这里选择【让我选择要备份的内容】选项，单击 下一步(N) > 按钮，如图 10-17 所示。

步骤 4：在下一个页面中选择要备份的项目，单击 下一步(N) > 按钮，如图 10-18 所示。

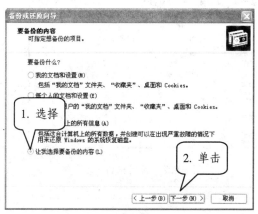

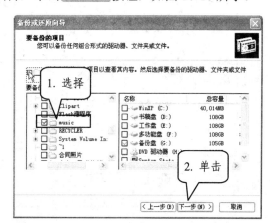

图 10-17　选择要备份的内容　　　　　　图 10-18　选择要备份的项目

步骤 5：在下一个页面中指定备份文件的存储位置和名称，然后单击 下一步(N) > 按钮，如图 10-19 所示。

步骤 6：在下一个页面中直接单击 完成 按钮，如图 10-20 所示。

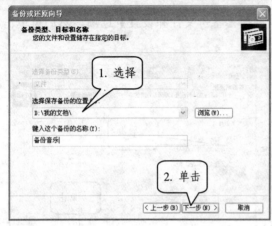

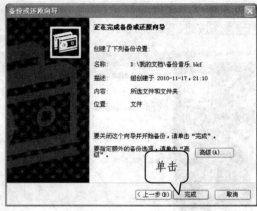

图 10-19　指定备份文件的存储位置和名称　　　　　图 10-20　完成备份向导

步骤 7：确认后将开始备份文件，并显示备份进度，如图 10-21 所示。当备份完成后，将显示备份报告，如图 10-22 所示。

图 10-21　备份进度　　　　　　　　　　　图 10-22　备份报告

重点提示　　备份是 Windows XP 提供的一个实用工具，它可以将重要的数据备份起来，这是确保数据安全的一种方法。对于一些相对独立的数据，我们也可以通过拷贝的方法进行备份。

当备份了数据以后，如果原来的数据受到损坏或丢失，可以使用备份的数据进行还原，将损失降到最低。还原数据的具体操作步骤如下：

步骤 1：参照前面的方法打开【备份或还原向导】对话框，并单击下一步(N)>按钮。

步骤 2：选择【还原文件和设置】选项，然后再单击下一步(N)>按钮，如图 10-23所示。

步骤 3：选择要还原的项目，然后单击下一步(N)>按钮，如图10-24所示。

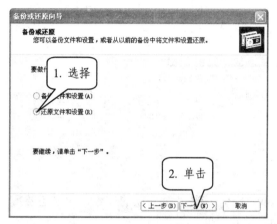

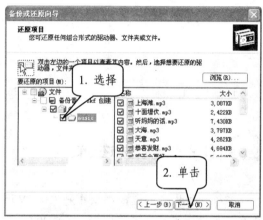

图 10-23　选择【还原文件和设置】选项　　　　图 10-24　选择要还原的项目

步骤 4：在下一个页面中直接单击完成按钮，如图 10-25 所示。

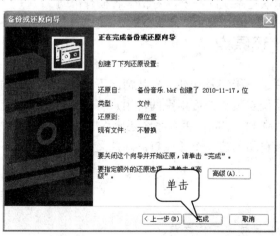

图 10-25　完成还原向导

步骤 5：确认后将开始还原文件，全部还原后，将显示还原报告，如图 10-26 所示。

图 10-26   还原报告

📖 10.3   系统还原

系统一旦出现问题，需要重新安装 Windows XP，这是一个繁琐的过程，加上还要重新安装驱动程序、应用软件等，不但麻烦，而且浪费时间。而使用系统还原工具，可以省去重新安装操作系统、驱动程序和应用软件这一个过程。

系统还原功能是在系统出现问题时，将系统还原至以前的状态，还原后不丢失数据文件。它是一种用于快速恢复系统的利器，对初学者很有帮助。

10.3.1   创建系统还原点

Windows XP 内置了系统恢复功能，默认情况下该功能处于启动状态。系统默认分配给还原程序的空间为系统安装盘的可用空间，用户可根据需要设置空间大小，但至少要分配给系统还原程序 200 MB 的空间，否则系统还原程序会自动关闭。

系统还原程序每天自动创建一个还原点，除此之外，当触发以下事件时，系统还原程序会自动创建还原点。

- ↘ 应用程序安装。
- ↘ 自动更新安装。
- ↘ 在微软备份工具做恢复工作之前。
- ↘ 安装没经过认证的驱动程序。
- ↘ 系统恢复。

用户也可以手动创建系统还原点，具体操作步骤如下：

步骤1：打开【开始】菜单，执行其中的【所有程序】/【附件】/【系统工具】/【系统还原】命令，打开【系统还原】向导对话框，选择【创建一个还原点】选项，然后单击 下一步(N) > 按钮，如图10-27所示。

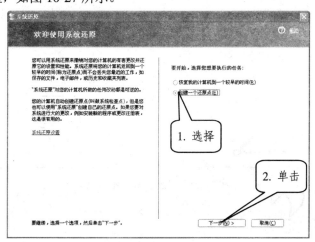

图10-27　选择【创建一个还原点】选项

步骤2：进入下一个页面中，在【还原点描述】文本框中输入名称，标识该还原点，然后单击 创建(R) 按钮，如图10-28所示。

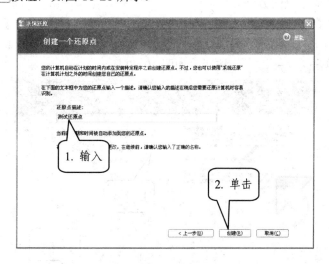

图10-28　标识该还原点

步骤3：系统还原程序自动创建还原点，并有当前的日期和时间，创建"还原点"以后，单击 关闭(C) 按钮即可，如图10-29所示。

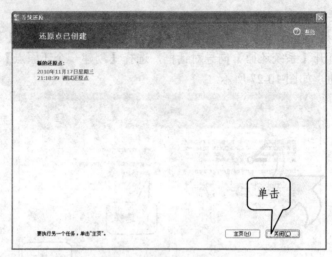

图 10-29　创建了系统还原点

10.3.2　还原系统

一旦用户的系统出现问题，若还能正常启动，就可以利用创建的"系统还原点"进行恢复。如果不能正常启动电脑了，则只能使用其他工具(如 Ghost)进行还原。下面介绍在 Windows 环境下还原系统的方法。

步骤 1：打开【开始】菜单，执行其中的【所有程序】/【附件】/【系统工具】/【系统还原】命令，打开【系统还原】向导对话框，选择【恢复我的计算机到一个较早的时间】选项，然后单击 下一步(N) > 按钮，如图 10-30 所示。

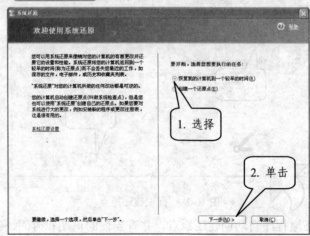

图 10-30　选择【恢复我的计算机到一个较早的时间】选项

步骤 2：进入【系统还原】对话框的"选择一个还原点"页面，左侧是一个日历，右侧是当前日期中的所有还原点。选择一个适当的还原点，然后单击 下一步(N) > 按钮，如图 10-31 所示。

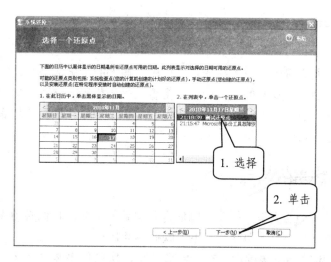

图 10-31　选择系统还原点

步骤 3：进入【系统还原】对话框的"确认还原点选择"页面，在这里系统用红色突出显示所选择的还原点，并提示关闭所有打开的应用程序，这里直接单击 下一步(N) > 按钮即可，如图 10-32 所示。

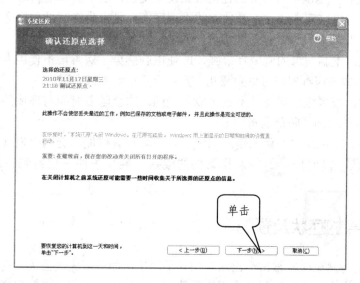

图 10-32　确认还原点选择

步骤 4：确认后系统开始还原，系统还原成功后，则重启电脑并同时打开【完成还原】对话框，提示用户系统已经成功还原至某还原点。

📖 10.4 查杀电脑病毒

电脑病毒是指人为编制的或者在计算机程序中插入的、破坏电脑功能或者毁坏数据、影响电脑使用，并能自我复制的一组计算机指令或程序代码。它可以把自己复制到存储器中或其他程序中，进而破坏电脑系统，干扰电脑的正常工作。这与生物病毒的一些特性很类似，因此称为电脑病毒。

10.4.1 电脑病毒的特点

就像传染病是人类的克星一样，电脑病毒是电脑的克星，我们必须充分地认识它，时时地防范，不能掉以轻心。下面介绍一下电脑病毒的特点。

(1) 破坏性。电脑感染病毒后，在一定条件下，病毒程序会自动运行，恶意占用电脑资源、破坏电脑数据、使应用程序无法运行等，甚至导致电脑瘫痪，破坏性极强。

(2) 传染性。传染性是病毒的重要特征，当使用软盘、光盘、U 盘等交换数据或者上网冲浪时，如果不注意防范，很容易被传染电脑病毒。电脑病毒的传播途径主要是数据交换感染，如果我们的电脑不与外界的任何数据发生交换，就不会感染病毒。

(3) 寄生性。电脑病毒往往不是独立的小程序，而是寄生在其他程序之中，当用户执行这个程序时，病毒就发作，这是非常可怕的。

(4) 隐藏性。电脑病毒的隐藏性很强，即使电脑感染了病毒，不使用专业工具很难发现，一个编写巧妙的病毒程序可以隐藏几个月甚至几年而不被发现。

(5) 多变性。很多电脑病毒并不是一成不变的，它会随着时间与环境的变化产生新的变种病毒，这就更增加了防范病毒的难度。

(6) 潜伏性。电脑病毒在侵入电脑系统后，破坏性有可能不会马上表现出来。它往往会在系统内潜伏一段时间，等待发作条件的成熟。触发条件一旦得到满足，病毒就会发作。

10.4.2 中毒的症状及预防

当电脑被病毒感染时，常常会出现一些异常现象，如数据无故丢失、内存变小、显示屏上出现奇怪的文字、电脑运行速度不正常等等。平时，如果您的电脑出现了以下症状，就有可能是感染了病毒，一定要及时采取措施，避免或减少病毒造成的损害。

- 电脑屏幕上突然出现一些杂乱无章的内容。
- 一些运行正常的程序突然出现了异常或不合理的结果。
- 电脑突然不能正常启动或总是莫名其妙地死机。
- 原本很大的内存，在运行程序时出现内存不够的信息。
- 电脑运行速度明显变慢。
- 磁盘上仍有可用空间，但是不能存储文件或打印文件时出现问题。
- 电脑运行时出现尖叫声、报警声甚至是演奏某种音乐等。
- 文件丢失或无法打开。
- 自动链接陌生网站。
- 鼠标光标自动移动。

电脑病毒的危害极大，在日常工作中一定要注意防范，及时采取措施，不给病毒以可乘之机。为了防止电脑感染病毒，要注意以下几个方面：

(1) 安装反病毒软件。

(2) 在公用电脑上用过的软盘或 U 盘，要先查毒和杀毒后再在自己的电脑上使用，避免感染病毒。

(3) 使用正版软件，不使用盗版软件。

(4) 在互联网上下载文件时要注意先杀病毒，接收电子邮件时，不随便打开不熟悉或地址陌生的邮件。

(5) 电脑中的重要数据要做好备份，这样一旦电脑染上病毒，也可以及时补救。

(6) 当电脑出现异常时，要及时查毒并杀毒。

(7) 使用 QQ 聊天时，不要接收陌生人发送的图片或单击陌生人发送的网址。

(8) 关闭或删除系统中不需要的服务，如 FTP 客户端、Telnet 和 Web 服务器。

10.4.3　瑞星杀毒软件

瑞星杀毒软件(Ring Anti-Virus)简称 RAV，诞生于 1991 年，是北京瑞星电脑科技开发公司开发研制的计算机查毒杀毒软件，用于对电脑病毒进行查找清除，恢复被病毒感染的文件和系统。

瑞星杀毒软件的最新版本是瑞星杀毒软件 2010 版，主界面如图 10-33 所示。该版本的杀毒软件提供了"家庭模式"和"专业模式"两种监控模式，用户可根据需要选择适用的监控模式。如果选择了"家庭模式"，则瑞星会帮助用户自动处理扫描过程中发现的病毒和恶意程序；如果选择了"专业模式"，则瑞星会采用交互方式处理发现的病毒和恶意程序。

图 10-33　瑞星杀毒软件 2010 的主界面

瑞星 2010 新增的自我保护功能把"U 盘监控"设置得更加广泛和安全。直接把"U 盘监控"修改成"木马入侵拦截"，并把移动媒体、网络盘、光盘纳入"木马入侵拦截"的对象中，真正做到了主动防御。

10.4.4　全盘查杀

安装了瑞星杀毒软件 2010 以后，程序会自动检测当前状态下系统的安全性，同时给出修复建议，一般有三条建议：一是对系统的扫描与修复；二是杀毒软件的升级；三是全盘查杀。单击【[修复]未执行全盘查杀】选项中的"[修复]"文字链接，即可开始全盘查杀，如图 10-34 所示。

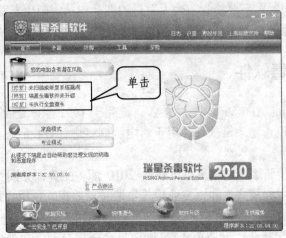

图 10-34　启动全盘查杀

另外，也可以切换到【安检】选项卡，这里有一些"专家建议"，单击其中的【立刻全盘查杀】文字链接，也可以进行全盘查杀，如图 10-35 所示。

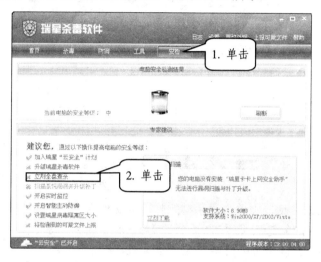

图 10-35　在【安检】选项卡中启动全盘查杀

在全盘查杀病毒时，如果用户的磁盘容量比较大，而且存储的内容也非常多，那么全盘查杀所需的时间就越长，需要耐心等待。在查杀的过程中，会随时报告查杀信息，如图 10-36 所示。

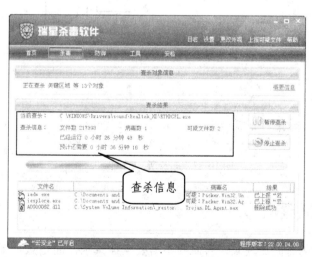

图 10-36　查杀过程信息

全盘查杀结束后，将弹出【杀毒结束】对话框，报告杀毒结果，同时在主界面的下方显示所有删除的病毒与可疑文件，如图 10-37 所示。

图 10-37 报告杀毒结果

在【杀毒结束】对话框中单击"手动删除可疑文件"文字链接，展开【请选择要删除的可疑文件】列表，勾选左下方的【全选】选项，选择所有的可疑文件，然后单击_____按钮，即可删除所有的可疑文件，如图 10-38 所示。

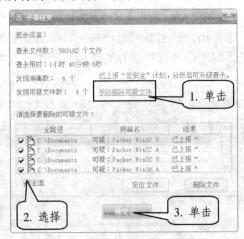

图 10-38 删除所有的可疑文件

10.4.5 自定义查杀

由于全盘查杀的时间比较长，有时并不需要全盘查杀，而是只希望查杀指定的目标，例如，只需要查杀 C 盘或 C 盘中的某个文件夹，这时可以在【杀毒】选项卡中设置查杀目标。

为了防止病毒的传染，当使用 U 盘传输数据时，一般都要先对 U 盘进行查毒。下面就以 U 盘杀毒为例，介绍如何自定义查杀病毒。

步骤 1：先启动瑞星杀毒软件，进入到主界面，然后单击【杀毒】选项卡，如图 10-39 所示。

图 10-39　切换到【杀毒】选项卡

步骤 2：如果要查杀某个磁盘，可以取消其他的选择，只选择要查杀的磁盘。这里我们取消 C、D、E、F、G、H 盘的选择，只选择 I 盘(即 U 盘)，如图 10-40 所示。至于【系统内存】、【引导区】、【系统邮件】和【关键区域】等建议用户保持选择状态。

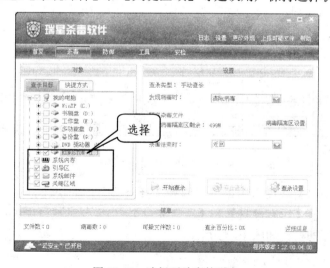

图 10-40　选择要杀毒的磁盘

步骤 3：单击 开始查杀 按钮，则开始对选择的磁盘进行杀毒。

> **重点提示** 如果只希望查杀磁盘中的某个文件夹，应先选择该磁盘且只选择该磁盘，然后单击左侧的 "+" 号展开，取消其他文件夹的选择状态，只选择要查杀的文件夹。

10.4.6 快速查杀病毒

使用瑞星杀毒软件时，要掌握三种快速查杀病毒的方法，它可以节省大量的杀毒时间，下面分别进行介绍。

第一，在瑞星杀毒软件的主界面中，单击"快速查杀"按钮，如图 10-41 所示。

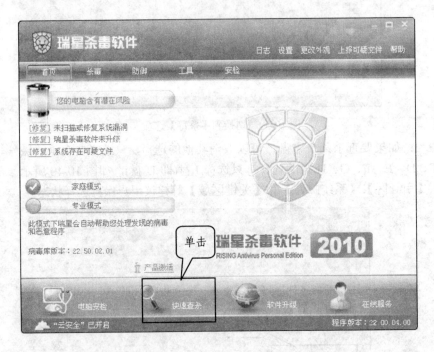

图 10-41　执行"快速查杀"

第二，在【杀毒】选项卡中提供了四种选择查杀目标的快捷方式，分别是【我的文档】、【可移动介质】、【所有硬盘】和【所有光盘】，当需要对某一项进行查杀时，选择它并单击 开始查杀 按钮即可，如图 10-42 所示。

图 10-42　快速指定查杀目标

第三，使用快捷菜单。打开资源管理器，在要查杀的磁盘或文件上单击鼠标右键，在弹出的快捷菜单中选择【使用瑞星杀毒】命令，如图 10-43 所示。

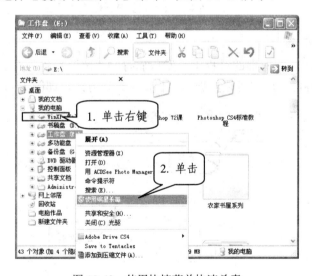

图 10-43　使用快捷菜单快速杀毒

10.4.7　基本设置

瑞星杀毒软件的基本设置影响着软件的工作方式，一般情况下，采用默认设置就可以，但是用户也可以根据具体情况进行设置。在瑞星杀毒软件主界面的右上方单击"设置"文字链接，打开【设置】对话框，如图 10-44 所示。左侧是设置分类，分别为【查杀设置】、【电脑防护】、【升级设置】、【高级设置】，每一项分类中又有若干子类，选择一个子类后，在对话框的右侧就可以设置相关选项。

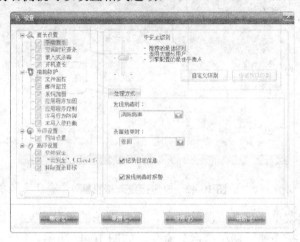

图 10-44　【设置】对话框

1. 设置处理方式

默认情况下，在查杀病毒的过程中，发现病毒时"清除病毒"，杀毒结束时"返回"瑞星杀毒软件的主界面。用户可以根据情况自定义处理方式，如图 10-45 所示。

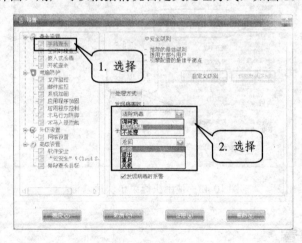

图 10-45　设置处理方式

【发现病毒时】的处理方式有三种选择：如果希望发现病毒后直接删除病毒，则选择"清除病毒"；如果用户要手工自己处理病毒，则选择"询问我"；如果用户希望查杀过程中不处理病毒，则选择"不处理"。

【杀毒结束时】的处理方式有四种选择：分别为"返回"、"退出"、"重启"和"关机"。这几个选项很容易理解，不再解释，用户可以根据自己的需要选择。

设置完成后，单击 ▩▩▩▩ 按钮或 ▩▩▩▩ 按钮，即可使设置生效。

2. 设置空闲时段查杀

工作的时候运行查杀病毒，会导致电脑运行减慢，所以，为了不影响工作，充分利用空闲时间，可以将瑞星设置为空闲时间查杀病毒。

步骤 1：在【设置】对话框中选择【空闲时段查杀】子类，然后单击【查杀任务列表】选项卡，如图 10-46 所示。

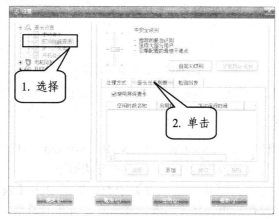

图 10-46　设置空闲时间查杀

步骤 2：单击 添加 按钮，打开【添加时段】对话框，输入名称，指定查杀周期与时间，然后单击 ▩▩▩▩ 按钮，如图 10-47 所示。然后，返回【设置】对话框。

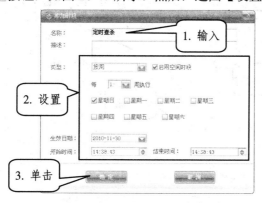

图 10-47　添加杀毒时段

步骤 3：在【设置】对话框中单击【检测对象】选项卡，选择查杀目标，勾选【引导区】、【内存】、【关键区域】等，如果要指定目标磁盘，则勾选【指定文件或文件夹】选项，然后通过单击 添加 按钮进行添加，如图 10-48 所示。

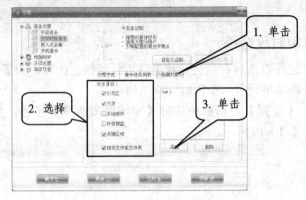

图 10-48　设置查杀目标

步骤 4：设置完成后，单击 按钮或 按钮，即可使设置生效。

3. 设置嵌入查杀

瑞星可以直接处理包含在 FlashGet、WinRAR、WinZip、MSN Messenger、AOL、WellGet 和 Net Vampire 等软件内的病毒，具体设置方法如下。

在【设置】对话框中选择【嵌入式杀毒】子类，然后单击【嵌入式高级设置】选项卡，选择列表中显示的软件，再选择【当嵌入式杀毒设置工具升级时，自动嵌入所有支持的软件。】选项，这样就可以查杀所选软件格式内的病毒，如图 10-49 所示。

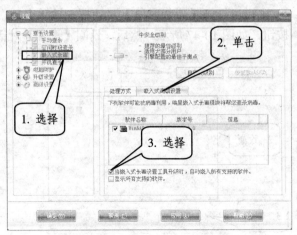

图 10-49　设置嵌入式查杀

4. 设置开机查杀

如果要设置开机查杀病毒，则在【设置】对话框左侧选择【开机查杀】子类，然后在右侧选择查杀对象，如图 10-50 所示。

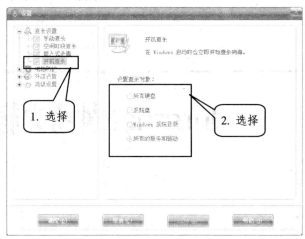

图 10-50　设置开机查杀病毒

重点提示　　以上介绍了瑞星杀毒软件 2010 的基本使用，实际上杀毒软件很多，例如金山毒霸、卡巴斯基、KV3000 等都是非常优秀的杀毒软件。但是要记住一点，不管使用哪一款杀毒软件，都要经常更新病毒库。

第**11**章

Internet 神奇之旅

本 章 要 点

- 连接网络
- 如何浏览网页
- 搜索网络信息
- 下载网络资源
- 收发电子邮件
- QQ 聊天

随着计算机与网络技术的迅猛发展，互联网已经深入到人们日常生活的每一个角落，并且极大地影响和改变了人们的生活和工作方式。对于初学者来说，了解一些网络知识是必不可少的。互联网为我们提供了丰富的网络资源，有效地利用它们，可以为我们的工作、学习和生活带来很多帮助。本章将介绍 Internet 网上冲浪、搜寻信息、下载资源以及 QQ 聊天等内容，帮助读者了解上网的基础知识。

11.1　连接网络

要实现 Internet 网上冲浪，体验网上生活，首先要拥有一台电脑，然后通过本地的网络运营服务商申请上网业务，接入互联网。

11.1.1　常见的上网方式

电脑上网的方式有很多种，最初的家庭上网是通过电话拨号方式接入，费用比较低，但是网速特别慢，所以现在基本不再使用这种方式。下面介绍几种最常见的上网方式，供初学者了解。

1. ADSL 上网

ADSL(Asymmetric Digital Subscriber Line)是一种通过电话线上网的方式，是目前我国家庭上网最主要的方式。该方式的优点是上网的同时可以使用电话，但是对通话质量有一定的影响。要使用 ADSL 方式上网，必须先在网络运营商处开通 ADSL 服务，然后安装 ADSL 上网设备 Modem，建立网络连接。

2. 小区宽带

小区宽带又称 LAN，是目前大中城市较普及的一种上网方式，它主要采用光缆与双绞线相结合的布线方式，利用以太网技术为整个小区提供宽带接入服务。小区宽带的安装比较简单，它使用单独的专用电缆，因此性能较为稳定，缺点是当接入用户较多时，网速会变得比较慢。

3. 有线电视宽带上网

有线电视宽带上网是通过高带宽的有线电视缆线传送网络数据，这种上网方式需要配备有线缆调制解调器(Cable Modem)。

使用有线电视宽带上网，不用拨号，不独占电视信号线，并且网络连接稳定，速度相对较快，通常按流量计费。

4. 无线上网

前面的上网方式都是有线上网，随着网络技术的不断发展，无线上网也越来越普及。无线上网主要有两种方式：一是通过手机开通上网功能，然后让电脑通过手机或无线网卡来上网；二是通过无线网络设备，它以传统局域网为基础，用无线 AP 和无线网卡来上网。

11.1.2 建立 ADSL 连接并上网

现在大多数家庭都使用 ADSL 方式上网，这种方式需要先开通 ADSL 上网业务，然后由网络运营商提供 ADSL Modem，并负责上门安装调试。当安装并连接好上网的各种硬件设备以后，还需要建立 ADSL 拨号连接。

下面介绍如何创建 ADSL 拨号连接，并连接互联网，具体操作步骤如下：

步骤 1：在桌面的"网上邻居"图标上单击鼠标右键，在弹出的快捷菜单中单击【属性】命令，如图 11-1 所示。

步骤 2：在打开的【网络连接】窗口中，单击左侧的"创建一个新的连接"文字链接，如图 11-2 所示。

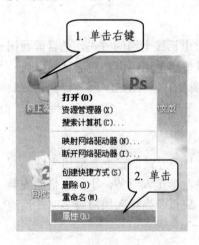

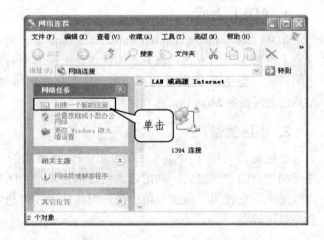

图 11-1　执行【属性】命令　　　　　图 11-2　单击"创建一个新的连接"

步骤 3：打开【新建连接向导】对话框，这里不做任何选择，直接单击 下一步(N) > 按钮，如图 11-3 所示。

步骤 4：进入向导对话框的"网络连接类型"页面，选择【连接到 Internet】选项，然后单击 下一步(N) > 按钮，如图 11-4 所示。

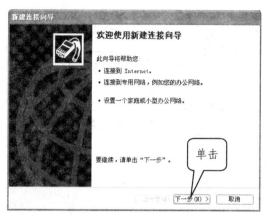
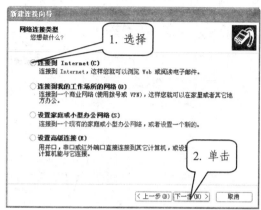

<table>
<tr><td>图 11-3　【新建连接向导】对话框</td><td>图 11-4　"网络连接类型"页面设置</td></tr>
</table>

　　步骤 5：进入向导对话框的"准备好"页面，选择【手动设置我的连接】选项，然后单击[下一步(N) >]按钮，如图 11-5 所示。

　　步骤 6：进入向导对话框的"Internet 连接"页面，选择【用拨号调制解调器连接】选项，单击[下一步(N) >]按钮，如图 11-6 所示。注意，如果是小区宽带上网，则选择【用要求用户名和密码的宽带连接来连接】选项。

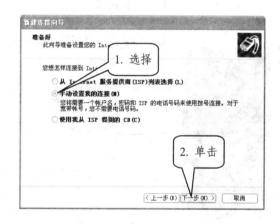
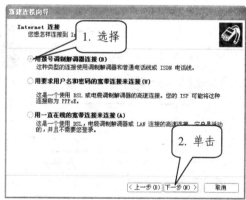

<table>
<tr><td>图 11-5　"准备好"页面设置</td><td>图 11-6　"Internet 连接"页面设置</td></tr>
</table>

　　步骤 7：进入向导对话框的"连接名"页面，在【ISP 名称】文本框中输入连接名称，例如"ADSL 上网"，在这里也可以什么都不输入(不影响上网)，单击[下一步(N) >]按钮，如图 11-7 所示。

　　步骤 8：进入向导对话框的"要拨的电话号码"页面，在这里输入用于上网的电话号码，然后单击 下一步(N) > 按钮，如图 11-8 所示。

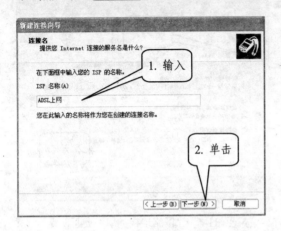
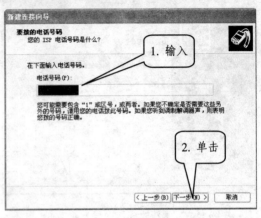

图 11-7　"连接名"页面设置　　　　　图 11-8　"要拨的电话号码"页面设置

　　步骤 9：进入向导对话框的"Internet 帐户信息"页面，输入用户名和密码，这里的"用户名"和"密码"是您在电信、网通或铁通办理宽带上网业务时工作人员提供给您的，如果不清楚可以打服务电话咨询，然后单击 下一步(N) > 按钮，如图 11-9 所示。

　　步骤 10：进入向导对话框的"正在完成新建连接向导"页面，勾选【在我的桌面上添加一个到此连接的快捷方式】选项，然后单击 完成 按钮，如图 11-10 所示。

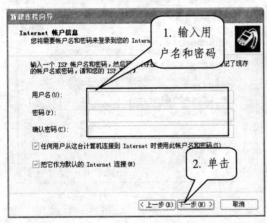

图 11-9　"Internet 帐户信息"页面 设置　　图 11-10　"正在完成新建连接向导"页面设置

　　步骤 11：确认后将弹出【连接 ADSL 上网】对话框，在这里输入用户名与密码，然后单击 拨号(D) 按钮，即可连接到 Internet，如图 11-11 所示。

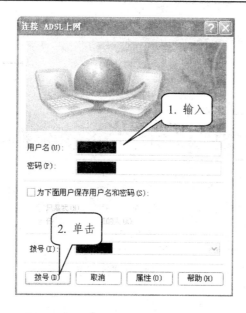

图 11-11　【连接 ADSL 上网】对话框

11.2　如何浏览网页

当电脑连接了互联网以后，我们就进入了一个信息的海洋，这时可以在网上尽情地冲浪，不过，我们必须先学会使用浏览网页的工具，即网络浏览器。它是一种接受用户的请求信息后，到相应网站获取网页内容的专用软件，没有它，即使网络再精彩，也只能望洋兴叹。

11.2.1　认识 IE 浏览器

目前，流行的网络浏览器有很多，如 IE、遨游、火狐、TT、360、世界之窗等，它们的功能与使用方法基本一致。由于 IE 是 Windows XP 自身携带的网络浏览器，也是使用最广泛的浏览器，所以我们主要介绍 IE 的使用方法。

IE 是 Internet Explorer 的简称，要使用它浏览网页信息，首先要启动它。启动 Internet Explorer 方法很简单，如果计算机已经连接上网，双击桌面上的 图标，或者单击【开始】/【Internet Explorer】命令，即可启动 IE 浏览器。

启动后，屏幕会显示 IE 浏览器窗口，如图 11-12 所示。

图 11-12　IE 浏览器窗口

IE 窗口的组成如下：

➤ **标题栏**：显示当前网页的标题，右侧分别是最小化、最大化、关闭按钮。

➤ **菜单栏**：提供对 IE 的大部分操作，包括文件、编辑、查看、收藏、工具和帮助六个菜单项。

➤ **工具栏**：提供一些常用菜单命令的标准按钮，通过单击它们可以实现浏览网页的相关功能。

➤ **地址栏**：用于输入或显示当前网页的 URL 地址。

➤ **网页信息区**：显示包括文本、图像、声音等网页信息。

➤ **状态栏**：显示浏览器当前的工作状态。

11.2.2　在网上看新闻

网络是一个地球村，不出门便可知天下事，很多新闻网站、门户网站都有实时新闻更新，登录网络，天下的新鲜事一览无余。

认识了 IE 浏览器以后，接下来我们介绍如何使用 IE 浏览网站，实现用户网上看新闻的愿望，具体操作步骤如下：

步骤 1：首先启动 Internet Explorer，这时会出现一个默认的网页，个人的电脑设置不同，出现的网页也不一样。这时在 IE 地址栏中单击鼠标，就会选择其中的网址，如图 11-13 所示。

图 11-13　打开的默认网页

步骤 2：重新输入"中国新闻网"的网址"http://www.chinanews.com.cn"，然后敲击回车键，就可以打开"中国新闻网"网页，如图 11-14 所示。

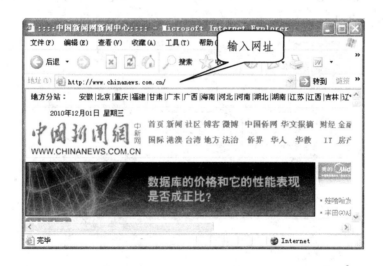

图 11-14　打开"中国新闻网"网页

步骤 3：进入网站以后，单击感兴趣的新闻就可以在网上看新闻了。

可以看新闻的网站非常多，除了专业的新闻网以外，一些门户网站，比如新浪、搜狐、网易、腾讯等，也提供了新闻版块，登录这些网站，也能够看到最新的时事新闻。

看新闻的时候，或者说在浏览网页时，当将光标指向文字或图片时，会发现光标变成了"小手"形状，这些都是超链接，说明单击它可以进入下一个网页。所谓的"超链接"是指从一个网页指向一个目标的连接关系，这个目标可以是另一个网页，也可以是相同网页上的不同位置，还可以是一个图片、一个电子邮件地址，甚至是一个应用程序。而在网页中用来实现超链接的对象，可以是一段文本或者是一个图片。

➷ **文本超链接**：以文字作为载体，超链接文字往往含有下划线，即使不含下划线，当将光标指向超链接文字时，文字也会出现下划线或改变颜色。

➷ **图片超链接**：以图片或动画作为载体，从外观上无法辨别，但是将光标指向超链接图片时，光标会变为"小手"形状。

超链接是互联网实现人机交互的重要方法，没有它，无法实现网站或网页之间的跳转，网上冲浪也就无从谈起。

11.2.3　保存网页中的信息

浏览网页的时候，网页中会有大量的图文信息，如果这些内容非常重要，我们可以将它保存下来。保存网页的具体操作步骤如下：

步骤 1：打开要保存的网页。

步骤 2：单击菜单栏中的【文件】/【另存为】命令，如图 11-15 所示。

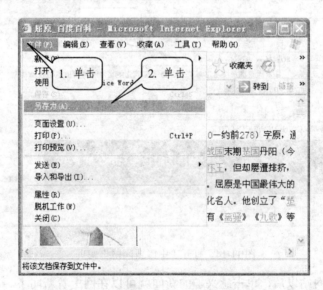

图 11-15　执行【另存为】命令

步骤 3：打开【保存网页】对话框，在对话框中设置相应的保存位置、文件名以及保存类型等选项，单击 保存(S) 按钮，即可完成保存网页的操作，如图 11-16 所示。

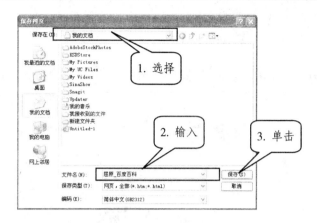

图 11-16　保存网页的操作

重点提示　　保存网页时，如果保存的类型是"网页，全部"，保存后将产生多个文件夹，用于放置网页中的图片等。如果保存的类型是"Web 文档，单个文件"，保存后只有一个文件。

11.2.4　保存网页中的图片

网页中经常会包含有大量的精美图片，如果用户比较喜欢，可以将其保存到本地电脑中，用作桌面背景、设计素材等。保存网页中图片的具体操作步骤如下：

步骤 1：在网页中的图片上单击鼠标右键，从弹出的快捷菜单中选择【图片另存为】命令，如图 11-17 所示。

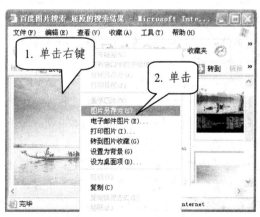

图 11-17　执行【图片另存为】命令

步骤 2：在打开的【保存图片】对话框中设置保存位置、文件名等选项，然后单击 保存(S) 按钮完成保存，如图 11-18 所示。

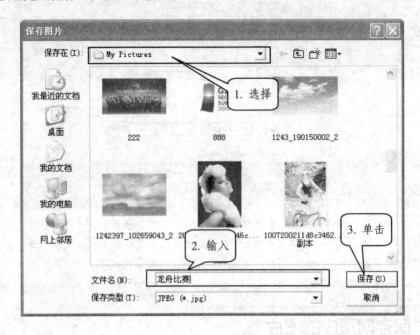

图 11-18　保存图片

11.2.5　将喜欢的网站收藏起来

上网时，对于经常浏览的网页，用户可以将它保存在浏览器的收藏夹中，这样以后上网时，就不用每次都输入网址了。

收藏夹是 IE 为用户准备的一个专门存放自己喜爱网页的文件夹，利用收藏夹可以将个人频繁使用的网页地址、新闻组和文件保存起来，以后需要打开该网页时，通过 IE 的【收藏】菜单即可，省去了输入网址的繁琐。

把网页地址添加到收藏夹以后，用户不仅可以通过收藏夹直接打开相应的网页，还可以在没有联网的脱机状态下重新显示该网页。将网页添加到收藏夹的操作步骤如下：

步骤 1：打开要收藏的网页。

步骤 2：单击菜单栏中的【收藏】/【添加到收藏夹】命令，如图 11-19 所示。

步骤 3：打开【添加到收藏夹】对话框，在【名称】文本框中输入一个可以明显表示网页的名称，也可以使用默认名称；在【创建到】列表中可以选择网页存储的位置，也可以单击 新建文件夹(W)... 按钮创建一个新文件夹，如图 11-20 所示。

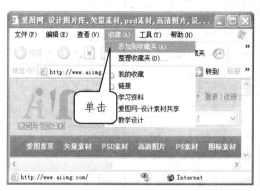

图 11-19　执行【添加到收藏夹】命令

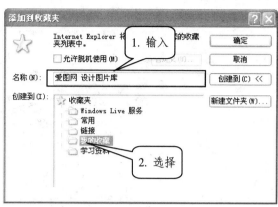

图 11-20　【添加到收藏夹】对话框

步骤 4：单击 ⬚ 确定 ⬚ 按钮，即可将网页地址添加到收藏夹中。

重点提示

　　如果要从收藏夹中删除某个网页名称，可以打开【收藏】菜单，在要删除的网页名称上单击鼠标右键，在弹出的快捷菜单中选择【删除】命令，即可将其从收藏夹中删除。

11.2.6　浏览最近访问过的网页

　　在 IE 浏览器地址栏的下拉列表和历史记录浏览栏中保存着用户近期浏览过的网站地址。如果要访问的网站是近期曾经浏览过的，可以在地址栏下拉列表或历史记录浏览栏中快速访问网页，而无需在地址栏中重新输入网址。

1. 使用地址栏下拉列表访问 Web 页

　　在地址栏的下拉列表中保存了最近浏览过的 Web 页地址，如果要浏览最近访问的网站，最简单的方法就是使用地址栏下拉列表访问，具体操作步骤如下：

　　步骤 1：打开 IE 浏览器窗口。

　　步骤 2：单击【地址】栏右侧的 ⌄ 按钮，打开地址栏下拉列表，如图 11-21 所示。

　　步骤 3：在地址栏下拉列表中选择要访问的网页地址，即可在网页信息区打开相应的网页。

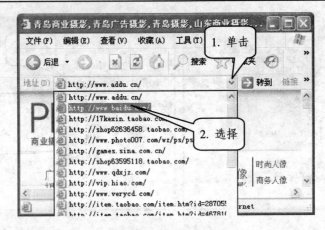

图 11-21　地址栏下拉列表

2. 使用历史记录浏览栏访问网页

如果用户访问过的网页地址不在下拉列表中，还可以使用历史记录浏览栏。历史记录浏览栏中存放了用户最近(默认为 20 天)访问过的网页地址。用户可以凭日期、站点、访问次数、今天的访问次序等条件快速访问曾经打开过的网页。

使用历史记录浏览栏访问网页的操作步骤如下：

步骤 1：打开 IE 浏览器窗口。

步骤 2：单击菜单栏中的【查看】/【浏览器栏】/【历史记录】命令，或者单击菜单栏中的 🕘 按钮，打开历史记录浏览栏，如图 11-22 所示。

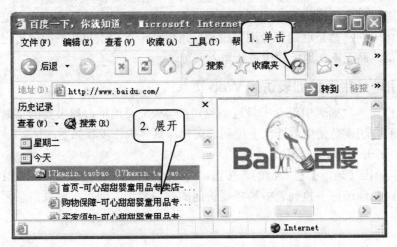

图 11-22　打开历史记录浏览栏

步骤 3：在历史记录浏览栏中单击【查看】按钮右侧的小三角，在弹出的菜单中可以选择显示依据，如选择【按日期】选项，系统将显示指定日期范围内用户曾浏览过的网页地址。

步骤 4：在历史记录浏览栏的网页地址列表中，选择要浏览的网页地址，即可打开指定的网页。

11.2.7　设置 IE 默认主页

IE 默认主页是指启动 IE 以后自动打开的网页。一般来说，应该把自己使用最频繁的网页设置为 IE 主页，这样，每次上网的时候，可以直接进入自己最喜欢的网站。当然，把 IE 主页设置为百度、谷歌等搜索引擎类网站也是很好的习惯，因为这样，启动 IE 后马上就可以搜索信息。

假设我们要把新浪网站的首页设置为 IE 主页，具体操作步骤如下：

步骤 1：启动 IE 并在地址栏中输入 www.sina.com.cn，进入新浪网站的首页。

步骤 2：单击菜单栏中的【工具】/【Internet 选项】命令，如图 11-23 所示。

步骤 3：打开【Internet 选项】对话框，选择【常规】选项卡，在【主页】选项组中单击 使用当前页(C) 按钮，则当前网页地址自动添加到【地址】文本框中，如图 11-24 所示。

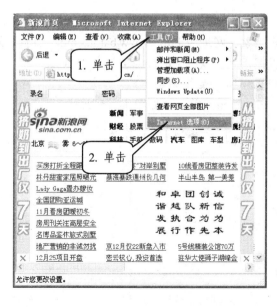

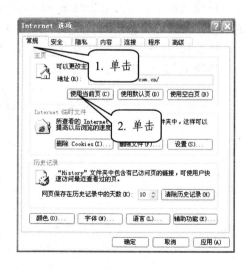

图 11-23　执行【Internet 选项】命令　　　图 11-24　【Internet 选项】对话框

步骤 4：单击 确定 按钮，即可将打开的网页设置为 IE 主页。

重点提示
设置 IE 主页时，如果单击 使用默认页(D) 按钮，可以使用浏览器生产商 Microsoft 公司的首页作为主页；如果单击 使用空白页(B) 按钮，则设置一个不含任何内容的空白页为主页，这时启动 IE 浏览器将不打开任何网页。

11.3 搜索网络信息

网络上的资源很多，要在浩瀚的知识海洋中找到自己需要的信息，不是一件容易的事情，所以一定要掌握搜索信息的技巧。

要快速地找到所需资源，需要借助于搜索引擎。搜索引擎其实是一个网站，但这个网站专门为用户提供信息检索服务。在网络上，提供搜索功能的网站非常多，如百度、谷歌、搜狗等，另外有一些门户网站也提供了搜索功能，如新浪、网易、搜狐、腾讯等。在这些网站上都可以搜索到我们需要的信息。但是，由于各网站的搜索范围不一样，搜索到的信息数量也略有不同。本节主要介绍如何使用百度搜索引擎。

11.3.1 搜索相关网页

百度是全球最大的中文网站和中文搜索引擎，网址为 http://www.baidu.com，功能十分强大，完全支持中文关键字搜索，几乎可以搜索到互联网上的任何信息。

假设我们要搜索"北京房价"的相关信息，具体操作步骤如下：

步骤 1：启动 IE 并打开百度(http://www.baidu.com)首页，如图 11-25 所示。

图 11-25　打开百度首页

步骤 2：在页面中间的搜索框中输入要搜索的关键字，如"北京房价"，然后单击百度一下 按钮或回车确认，如图 11-26 所示。

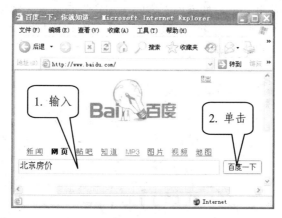

图 11-26　输入要搜索的关键字

步骤 3：执行搜索以后，与"北京房价"相关的网页就会以列表的形式出现在网页中，如图 11-27 所示。

步骤 4：在网页中单击需要的文字超链接，就可以查看相应的信息，如图 11-28 所示。但并不是所有的信息都是用户所需的，还需要根据个人情况进行甄别。

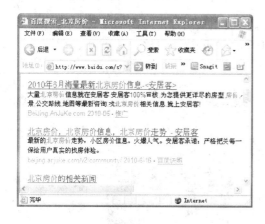
　　　　图 11-27　搜索结果

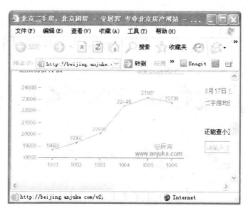
　　　　图 11-28　打开的网页

11.3.2　搜索好看的图片

百度具有高准确率、高查询率的特点。为了更加准确地搜索信息资源，提高搜索的效率，百度提供了分类搜索的功能，例如：网页、图片、视频等等。如果要搜索好看的图片，具体操作步骤如下：

步骤1：打开百度首页，单击搜索框上方的"图片"超链接，如图11-29所示。

步骤2：进入百度图片搜索页面，在搜索框中输入图片的关键字，如"九寨沟"，然后单击 百度一下 按钮或回车确认，如图11-30所示。

图11-29 单击"图片"超链接

图11-30 输入图片的关键字

步骤3：执行搜索以后，网页中将显示搜索到的相关图片，如图11-31所示。

步骤4：单击要查看的图片，可以在打开的网页中看到放大的图片，如图11-32所示。

图11-31 搜索结果

图11-32 查看图片

11.3.3　搜索喜欢的音乐

百度的 MP3 搜索引擎能让用户方便快捷地找到想要的歌曲，还提供了音乐排行榜。搜索到音乐以后，既可以在线试听，也可以下载到本地电脑中，十分方便。使用百度搜索 MP3 音乐的具体操作步骤如下：

步骤 1：打开百度主页，在页面中单击"MP3"超链接，如图 11-33 所示。

步骤 2：进入百度音乐搜索页面，在页面的搜索框中输入喜欢的歌曲名，如"上海滩"，然后单击 百度一下 按钮或回车确认，如图 11-34 所示。

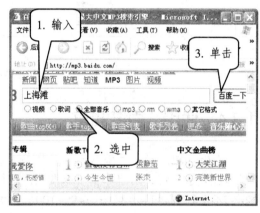

图 11-33　单击"MP3"超链接　　　　图 11-34　输入喜欢的歌曲名

步骤 3：执行搜索后出现搜索页面，在页面中显示了符合要求的所有音乐，如图 11-35 所示。用户可以在页面中选择自己喜欢的音乐。

图 11-35　搜索结果

步骤 4：单击右侧的"试听"超链接，弹出【百度音乐盒】窗口，此时就可以试听选择的音乐了，如图 11-36 所示。

图 11-36　试听选择的音乐

11.3.4　使用"百度知道"

"百度知道"是全球最大的中文互动问答平台，供大家交流，它是基于搜索的互动式知识回答分享平台。用户除了可以搜索问题以外，还可以在线提问，也可以回答问题。假设我们不会计算"1+2+3+……+99+100"的值，可以去"百度知道"中搜索一下，具体操作步骤如下：

步骤 1：打开百度主页，单击搜索框上方的"知道"超链接，如图 11-37 所示。

步骤 2：进入"百度知道"页面，在搜索框中输入问题的关键字，这里可直接输入"1+2+3+……+99+100"，然后单击 搜索答案 按钮或按下回车键，如图 11-38 所示。

图 11-37　单击"知道"超链接　　　　　　图 11-38　输入问题的关键字

步骤 3：执行搜索答案以后，页面中将显示搜索结果，页面的顶端分别有【已解决问题】、【待解决问题】和【投票中问题】三个选项卡，如图 11-39 所示。

步骤 4：在【已解决问题】选项卡中选择感兴趣的答案，单击文字超链接，可以看到别人给出的答案，如图 11-40 所示。

图 11-39　搜索结果

图 11-40　查看答案

📖 11.4　下载网络资源

网络上的资源无穷无尽，合理地利用这些资源会使我们的生活与学习变得更加方便。例如，我们可以从网上下载电影、MP3 歌曲，也可以在网上学习、寻找免费应用软件，还可以从网上下载各种图片素材。

11.4.1　使用 IE 下载资源

使用 IE 浏览器可将网络中的信息资源下载至本地电脑中，如电影、软件等，下载后用户可直接在电脑中按照下载时的保存路径打开查看。下载资源前，首先要找到提供资源下载的网页及其中的下载超链接，单击它就可以下载。使用 IE 直接下载网络资源的具体操作步骤如下：

步骤 1：打开包含下载内容的网页，在网页中单击下载的超链接，如图 11-41 所示。

步骤 2：在弹出的【文件下载】对话框中单击 保存(S) 按钮，如图 11-42 所示。

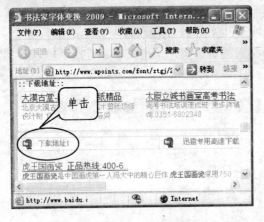

图 11-41　单击下载的超链接

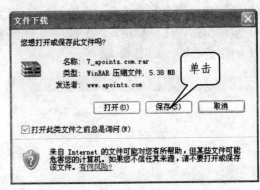

图 11-42　【文件下载】对话框

步骤 3：在弹出的【另存为】对话框中选择保存文件的位置，设置文件名和保存类型，如图 11-43 所示。

步骤 4：单击 保存(S) 按钮可以看到下载进度，这个过程需要等待，下载的快慢与文件大小、网速有关，如图 11-44 所示。

图 11-43　【另存为】对话框

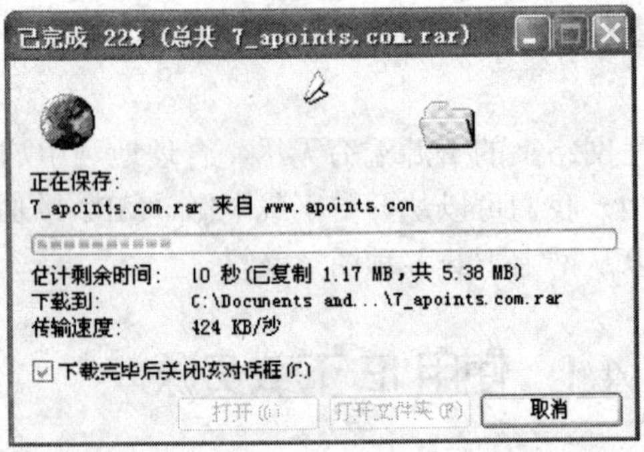

图 11-44　下载进度

步骤 5：当完成下载以后，关闭对话框即可，这时就可以在保存路径中看到下载的文件了。

11.4.2　使用迅雷下载

使用 IE 浏览器下载容量较大的网络资源时往往速度比较慢，此时可选择使用"迅雷"下载软件，它是一款新型的基于 P2SP 的下载软件，可以大幅提高下载速度和控制死链比例，并且完全免费。

使用迅雷下载网络资源可直接在下载地址上单击鼠标右键，在弹出的快捷菜单中选择【使用迅雷下载】命令，具体操作方法如下：

步骤 1：在打开的网页中找到下载的超链接，单击鼠标右键，在弹出的快捷菜单中选择【使用迅雷下载】命令，如图 11-45 所示。

步骤 2：在弹出的【建立新的下载任务】对话框中单击【存储路径】右侧的 浏览 按钮，如图 11-46 所示。

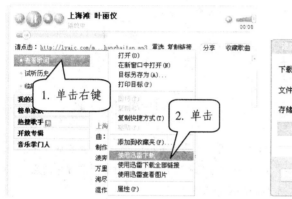

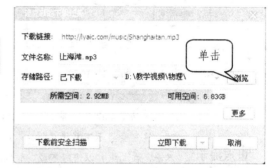

图 11-45　执行【使用迅雷下载】命令　　　　图 11-46　【建立新的下载任务】对话框

步骤 3：在弹出的【浏览文件夹】对话框中选择保存下载文件的位置并确认，如图 11-47 所示。

步骤 4：单击 立即下载 按钮开始下载，如图 11-48 所示。这时桌面右上角的迅雷悬浮窗中将显示下载进度。

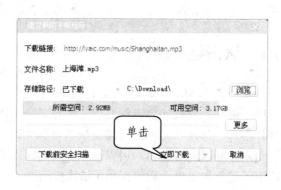

图 11-47　选择保存下载文件的位置　　　　　图 11-48　开始下载

另外，有的下载网站会专门提供使用迅雷下载的超链接，如图 11-49 所示。这时只要单击该超链接，就会启动迅雷并将文件添加到下载列表中，开始下载，如图 11-50 所示。

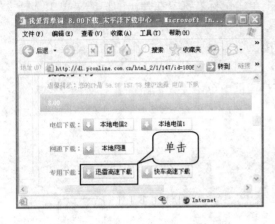

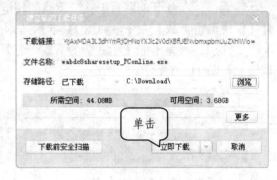

图 11-49　使用迅雷下载的超链接　　　　　　　　图 11-50　开始下载

重点提示　　启动迅雷以后，桌面的右上角会出现一个悬浮窗小图标，当下载资源时，这里会显示下载进度(如　　)，双击该悬浮窗图标，可以打开迅雷程序的主界面，在其中可以进行下载、暂停、删除等操作。

11.5　收发电子邮件

网络技术的发展改变了我们的生活。以前需要通过邮局才能收发的信件，现在可以通过互联网的电子邮箱功能来实现，真正实现了无纸化通信，既经济方便，又快速迅捷。电子邮件是办公、交友的实用工具之一，本节将介绍如何收发电子邮件。

11.5.1　认识电子邮件

电子邮件即 E-Mail，是指通过计算机网络进行传送的邮件，它是 Internet 的一项重要功能。电子邮件是现代社会进行通信，传输文字、图像、语音等多媒体信息的重要渠道。电子邮件与人工邮件相比，具有速度快、可靠性高、价格便宜等优点，而且不像电话那样要求通信双方必须同时在场，可以一信多发，或者将多个文件集成在一个邮件中传送等。所以，电子邮件也是电话和传真所无法比拟的。

11.5.2　申请免费电子邮箱

要使用电子邮件必须拥有一个电子邮箱，即要先申请免费电子邮箱，用户可以向 Internet 服务商提出申请。

电子邮箱实际上是在邮件服务器上为用户分配的一块存储空间，每个电子邮箱对应着一个邮箱地址(或称为邮件地址)，其格式是：用户名@域名。其中，用户名是用户申请电子信箱时与 ISP 协商的一个字母与数字的组合；域名是 ISP 的邮件服务器；字符"@"是一个固定符号，发音为英文单词"at"。

例如：orange@sina.com就是一个电子邮件地址。其中@前面是邮箱帐户名称，后面是 ISP 的邮件服务器。下面以申请新浪邮箱为例，介绍申请免费电子邮箱的方法。

步骤 1：启动 IE 并在地址栏中输入 http://mail.sina.com.cn，按下回车键，进入新浪邮箱网页，单击其中的"注册免费邮箱"按钮，如图 11-51 所示。

步骤 2：进入注册新浪会员的页面，这里提供了向导提示，第一步需要输入邮箱名称与验证码，然后单击 下一步 按钮，如图 11-52 所示。

图 11-51　进入新浪邮箱网页   图 11-52　输入邮箱名称与验证码

步骤 3：进入向导的第二步，设置详细信息，用户自行填写，然后单击 提交 按钮，如图 11-53 所示(注：左图为网页的上半部分，右图为下半部分)。

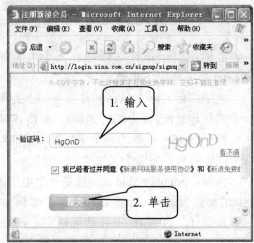

图 11-53　输入详细信息

步骤 4：创建成功则自动进入邮箱，否则需要返回重新填写信息。

11.5.3　登录邮箱

收发电子邮件时必须先登录邮箱。一般情况下，通过网站的主页就可以直接登录邮箱，如图 11-54 所示。登录时只需要输入邮箱名称和密码。另外，在邮箱的主页面中也可以直接登录邮箱，如图 11-55 所示。

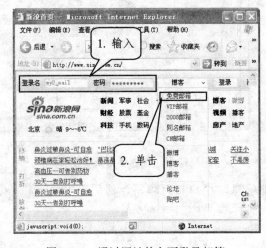

图 11-54　通过网站的主页登录邮箱　　　　图 11-55　在邮箱的主页面中登录邮箱

11.5.4　编写并发送邮件

进入邮箱以后，我们就可以编写并发送邮件了，具体操作方法如下：

步骤 1：单击 写信 按钮，如图 11-56 所示。

步骤 2：进入写信页面以后，在【收件人】文本框中输入对方的邮箱地址；在【主题】文本框中输入邮件内容的简短概括，方便收件人查阅，如图 11-57 所示。

图 11-56　单击"写信"按钮

图 11-57　输入对方的邮箱地址及邮件主题

重点提示

如果要把同一封电子邮件发送给多个人，则在【收件人】邮箱地址的上方单击"添加抄送"超链接，这时出现【抄送】文本框，在该文本框中输入抄送人的邮箱地址即可，若抄送多个地址，则之间用逗号"，"分隔。

步骤 3：在邮件编辑区中输入邮件的正文内容，利用【格式】工具栏可以格式化文本，如图 11-58 所示。

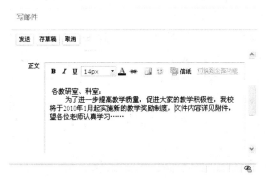

图 11-58　输入邮件的正文内容

步骤 4：编辑完信件以后，单击 发送 按钮即可发送邮件，如图 11-59 所示。

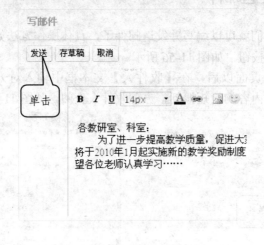

图 11-59　发送邮件

11.5.5　添加附件

　　附件是单独的一个电脑文件，可以添加在邮件中一起发给对方。撰写邮件时，一般情况下只写邮件正文，而其他的文件(如图片、音乐或动画等文件)则通过添加附件的方式发送给对方。

　　添加附件时，由于不同网站的邮箱容量不一样大，对附件的大小要求也不一样，因此添加附件前要了解邮箱对附件大小的要求，同时还要知道对方邮箱容量的大小，如果添加的附件较大，可以先将它们压缩，以减小附件大小，并缩短收发邮件的时间。添加附件的具体操作方法如下：

　　步骤 1：按照前面的方法撰写邮件，分别写好收件人地址、主题、邮件正文等，然后单击 添加附件 按钮，如图 11-60 所示。

　　步骤 2：在弹出的【选择文件】对话框中选择要添加的文件，单击 打开(0) 按钮则将该文件添加为附件，如图 11-61 所示。

　　步骤 3：用同样的方法，可以添加其他附件。如果要删除已添加的附件，可以单击附件名称右侧的 ✖删除 按钮将其删除。

　　步骤 4：单击 发送 按钮，则附件将与邮件正文一起发送到对方的邮箱中。

图 11-60　添加附件

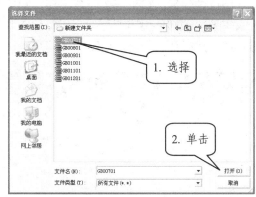

图 11-61　选择要添加的文件

11.5.6　查看和回复新邮件

当进入邮箱后，在邮箱的左侧可以看到未读邮件的数量，单击"收件夹"文字链接，可以查看新邮件，新邮件以粗体显示，以区别于已经阅读过的邮件。

阅读邮件前，要分清楚哪些是正常邮件，哪些是垃圾邮件，对于自己不熟悉的邮件，不要轻易打开，因为它极有可能是病毒文件。要阅读新邮件，单击邮件的主题链接即可，如图 11-62 所示。

如果邮件中含有附件，在打开或下载附件前一定要先查杀病毒，然后再下载或查看，如图 11-63 所示。

图 11-62　阅读新邮件

图 11-63　下载附件前要先查毒

阅读邮件后，如果需要回复邮件，则单击工具栏中的 回复 按钮，如图 11-64 所示。这时只需要输入邮件内容即可，而无需输入收件人的名称和电子邮件地址，最后单击 发送 按钮，即完成邮件的回复，如图 11-65 所示。

图 11-64　回复邮件　　　　　　　　　　　图 11-65　发送邮件

11.5.7　删除邮件

邮箱的容量是有限的，当旧邮件过多时，新的邮件可能就无法正常接收，因此，需要及时清理邮箱，将没用的邮件删除。删除邮件的操作方法如下：

步骤 1：进入收件箱中，在邮件列表中选择要删除的邮件，单击 删除 按钮，如图 11-66 所示。

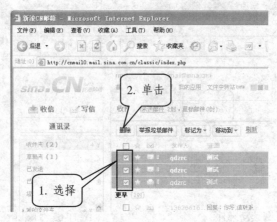

图 11-66　选择并删除邮件

步骤 2：被删除的邮件移动到了"已删除"邮件夹中，如果要彻底删除邮件，可以在"已删除"邮件夹中选择邮件，然后单击 彻底删除 按钮，如图 11-67 所示。

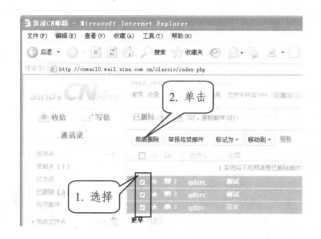

图 11-67　彻底删除邮件

重点提示

实际上，邮箱中的"已删除"邮件夹相当于桌面上的回收站，它提供了一个暂时存放废弃邮件的作用。"已删除"邮件夹中的邮件并没有真正删除，可以随时移至"收件箱"中，当确实不再需要某邮件时，可以将其彻底删除。

11.6　QQ 聊天

网络的发展将世界变成了地球村，天南地北的人们通过一条网线就可以面对面地聊天，这就是 QQ 带给我们的便利。不可否认，QQ 号码已经像电话号码一样成为人们的联系方式。通过 QQ 聊天，互不相识的人们可以成为网友，可以相互帮助，最关键的是它不会产生聊天费用，所以说，QQ 让我们的生活变得更加节俭，更加丰富多彩。

11.6.1　申请免费 QQ 号码

要进行 QQ 聊天，一定要先在电脑中安装 QQ 软件，它是腾讯公司的一款聊天软件，进入腾讯公司软件中心(http://pc.qq.com/)，可以下载并安装 QQ 软件。安装了 QQ 软件后，接下来要申请一个 QQ 号码，有了它，才能与朋友一起交流。

申请 QQ 号码的操作方法如下：

步骤 1：双击桌面上的 QQ 图标，打开 QQ 的登录窗口，然后单击"注册新帐号"文字链接，如图 11-68 所示。

步骤 2：打开"免费帐号"网页，在"网页免费申请"选项组中单击 <u>立即申请</u> 按钮，如图 11-69 所示。

图 11-68　注册新帐号　　　　　　　图 11-69　申请免费帐号

步骤 3：在打开的"您想要申请哪一类帐号"页面中，单击"QQ 号码"按钮，如图 11-70 所示。

步骤 4：在"填写基本信息"页面中输入昵称、密码、所在地、验证码等内容，然后单击 <u>确定 并同意以下条款</u> 按钮，这样就可以申请一个 QQ 号码了，如图 11-71 所示。

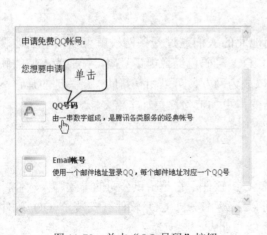

图 11-70　单击"QQ 号码"按钮　　　　图 11-71　输入信息

　　如果输入的信息符合要求，就会成功申请一个 QQ 号码，并出现"申请成功"页面，如果要对这个 QQ 号码进行密码保护，则单击 [立即获取保护] 按钮，进入 QQ 安全中心，设置密码保护；如果不需要进行密码保护，直接关闭网页并登录即可。

11.6.2　登录 QQ

　　有了 QQ 号码，就可以登录 QQ，与好友进行聊天了。

　　登录 QQ 的具体方法为双击桌面上的 QQ 图标，在打开的登录窗口中输入帐号和密码，单击 [登录] 按钮，就可以登录 QQ 了，如图 11-72 所示。

图 11-72　登录 QQ

11.6.3　修改个人资料

　　登录 QQ 以后，就打开了 QQ 面板，我们可以随意修改个人资料，包括昵称、头像以及个人信息等，具体操作步骤如下：

　　步骤 1：登录 QQ 后，单击 QQ 面板上方的头像，如图 11-73 所示。

　　步骤 2：在打开的【我的资料】对话框中可以修改昵称、个性签名以及一些基本资料，如图 11-74 所示。

图 11-73 QQ 面板　　　　　　　　图 11-74 【我的资料】对话框

步骤 3：在【我的资料】对话框中再单击左上角的头像，可以打开【更换头像】对话框，如图 11-75 所示。可以在这个对话框中选择一个头像，还可以通过本地上传图像，然后单击 确定 按钮，就可以更换头像。

步骤 4：在【我的资料】对话框中单击 确定 按钮，即可保存更改的信息，更改后的头像、个性签名如图 11-76 所示。

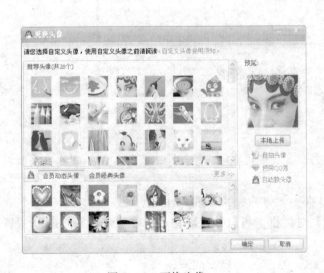

图 11-75 更换头像　　　　　　　　图 11-76 更改后的信息

11.6.4　查找与添加好友

刚申请的 QQ 号码中没有任何好友，用户需要自己查找与添加好友。在 QQ 中添加好友有两种情况：一是现在生活中的朋友，你知道他的 QQ 号码，可以通过 QQ 号码添加；二是在网络上随意查找并添加好友。

1. 通过 QQ 号码添加好友

如果知道了朋友的 QQ 号码，通过 QQ 号码进行查找并添加，等待对方确认后，就可以将其添加为好友了，具体操作步骤如下：

步骤 1：单击 QQ 面板下方的 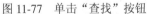 查找 按钮，如图 11-77 所示。

步骤 2：在打开的【查找联系人/群/企业】对话框下的帐号文本框中输入好友的 QQ 号码，单击　查找　按钮，如图 11-78 所示。

图 11-77　单击"查找"按钮

图 11-78　输入好友的 QQ 号码

步骤 3：在对话框中选中查找到的好友，然后单击 添加好友 按钮，如图 11-79 所示。

步骤 4：在弹出的【添加好友】对话框中输入验证信息，让对方知道自己的身份，然后单击　确定　按钮，如图 11-80 所示。

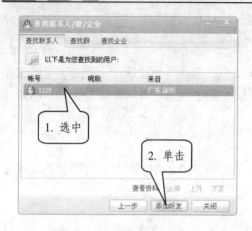

图 11-79　添加好友

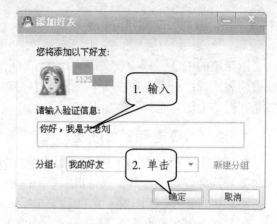

图 11-80　输入验证信息

添加好友以后，如果对方在线，任务栏右下角处将显示一个闪烁的小喇叭图标，提示有验证消息。通过了对方的验证后，就成功地添加了好友。

2. 随意查找并添加好友

如果想在网上随便添加一些不认识的人为好友，然后通过聊天来彼此认识，这时只需要设置条件即可，具体操作步骤如下：

步骤 1：参照前面的步骤，打开【查找联系人/群/企业】对话框，在【查找联系人】选项卡中选择【按条件查找】选项，在下方的条件栏中设置好需要查找的相关条件，然后单击 查找 按钮，如图 11-81 所示。

步骤 2：在搜索结果中选择一位网友，然后单击 添加好友 按钮，如图 11-82 所示。然后在弹出的【添加好友】对话框中输入发送给对方的验证信息即可。

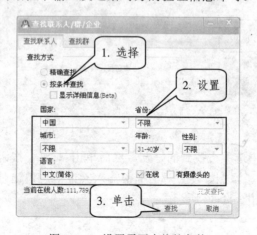

图 11-81　设置需要查找的条件

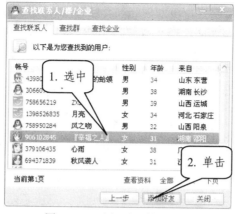

图 11-82　选择要添加的好友

11.6.5　使用 QQ 聊天

添加了好友后，就可以进行 QQ 聊天了。如果好友在线，其头像是鲜艳的；如果好友不在线或隐身，则其头像是灰色的。使用 QQ 聊天的具体操作步骤如下：

步骤 1：在 QQ 面板中双击好友头像，打开聊天窗口，如图 11-83 所示。

步骤 2：在面板下方的窗格中输入文字，单击 发送(S) 按钮(或按下 Ctrl+回车键)，这时对方屏幕的右下角会闪烁自己的头像，提示好友自己正在与他聊天。同样，如果好友回话了，自己的屏幕右下角也会闪烁好友的头像，同时好友的回话将显示在聊天窗口上方的窗格中，如图 11-84 所示。

图 11-83　聊天窗口

图 11-84　开始聊天

步骤 3：进行 QQ 聊天时，可以发送 QQ 表情来表达自己的喜怒哀乐，单击 😊 按钮，在打开的选项板中选择要发送的表情，单击 [发送⑤] 按钮即可，如图 11-85 所示。

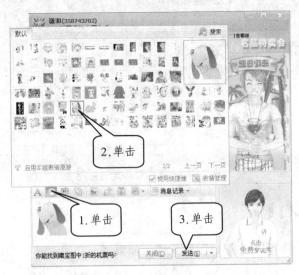

图 11-85　发送表情

步骤 4：如果喜欢对方发送的表情，可以将其保存下来备用。在聊天窗口中选择对方发送的表情，单击鼠标右键，在弹出的快捷菜单中选择【添加到表情】命令即可保存下来，如图 11-86 所示。

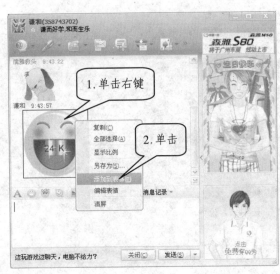

图 11-86　保存表情

11.6.6   语音聊天

对于打字不熟练的人来说，选择"语音聊天"是非常方便的，既可以省去打字慢的烦恼，又能听见对方亲切的声音。语音聊天的操作方法如下：

步骤 1：将耳麦插入电脑。

步骤 2：在 QQ 面板中双击要聊天的好友头像，打开聊天窗口，单击 QQ 面板上方的 按钮，向对方发送语音聊天的请求，如图 11-87 所示。

步骤 3：此时对方 QQ 上将收到语音聊天请求，如果对方同意语音聊天，单击 接受 按钮，这时就可以语音聊天了，如图 11-88 所示。

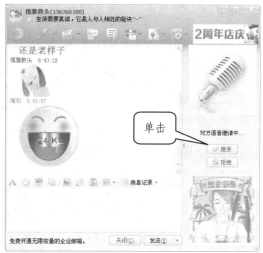

图 11-87   发送语音聊天请求   图 11-88   接受语音聊天

11.6.7   视频聊天

除了可以语音聊天，使用 QQ 还可以进行视频聊天，只要双方都有摄像头和耳麦，就可以闻其声，观其人了。有了这样便利的条件，即使双方在天涯海角，也可以"面对面"地交流。视频聊天的操作方法如下：

步骤 1：在电脑中安装摄像头，并插入耳麦。

步骤 2：在 QQ 面板中双击要聊天的好友头像，打开聊天窗口，单击 QQ 面板上方的 按钮，向对方发送视频聊天的请求，如图 11-89 所示。

图 11-89 发送视频聊天请求

步骤 3：如果对方同意视频聊天，单击 接受 按钮，如图 11-90 所示。这时就可以视频聊天了，视频聊天的同时也可以语音聊天或文字输入聊天。

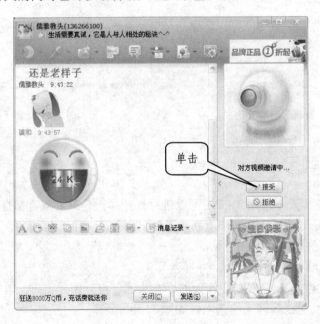

图 11-90 接受视频聊天

欢迎选购西安电子科技大学出版社教材类图书

软件技术基础(高职)(鲍有文)	23.00	Visual C#.NET程序设计基础(高职)(曾文权)	39.00
软件技术基础(周大为)	30.00	Visual FoxPro数据库程序设计教程(康贤)	24.00
软件工程与项目管理(高职)(王素芬)	27.00	数据库基础与Visual FoxPro9.0程序设计	31.00
软件工程实践与项目管理(刘竹林)	20.00	Oracle数据库实用技术(高职)(费雅洁)	26.00
计算机数据恢复技术(高职)(梁宇恩)	15.00	Delphi程序设计实训教程(高职)(占跃华)	24.00
微机原理与嵌入式系统基础(赵全良)	23.00	SQL Server 2000应用基础与实训教程(高职)	22.00
嵌入式系统原理及应用(刘卫光)	26.00	SQL Server 2005 基础教程及上机指导(中职)	29.00
嵌入式系统设计与开发(章坚武)	24.00	C++面向对象程序设计(李兰)	33.00
ARM嵌入式系统基础及应用(黄俊)	21.00	面向对象程序设计与C++语言(第二版)	18.00
数字图像处理(郭文强)	24.00	Java 程序设计项目化教程(高职)(陈芸)	26.00
ERP项目管理与实施(高职)(林逢升)	22.00	JavaWeb 程序设计基础教程(高职)(李绪成)	25.00
电子政务规划与建设(高职)(邱丽绚)	18.00	Access 数据库应用技术(高职)(王趾成)	21.00
电子工程师项目式教学与训练(高职)(韩党群)	28.00	ASP.NET 程序设计案例教程(高职)(李锡辉)	22.00
电子线路 CAD 实用教程(潘永雄)(第三版)	27.00	XML 案例教程(高职)(眭碧霞)	24.00
中文版 AutoCAD 2008 精编基础教程(高职)	22.00	JSP 程序设计实用案例教程(高职)(翁健红)	22.00
网络多媒体技术(张晓燕)	23.00	Web 应用开发技术：JSP(含光盘)	33.00
多媒体软件开发(高职)(含盘)(牟奇春)	35.00	~~~~电子、电气工程及自动化类~~~~	
多媒体技术及应用(龚尚福)	21.00	电路分析基础(曹成茂)	20.00
图形图像处理案例教程(含光盘) (中职)	23.00	电子技术基础(中职)(蔡宪承)	24.00
平面设计(高职)(李卓玲)	32.00	模拟电子技术(高职)(郑学峰)	23.00
CorelDRAW X3项目教程(中职)(糜淑娥)	22.00	模拟电子技术基础——仿真、实验与课程设计	26.00
计算机操作系统(第二版)(颜彬)(高职)	19.00	数字电子技术及应用(高职)(张双琦)	21.00
计算机操作系统(第三版)(汤小丹)	30.00	数字系统设计基础(毛永毅)	26.00
计算机操作系统原理——Linux实例分析(肖竞华)	25.00	数字电路与逻辑设计(白静)	30.00
Linux 操作系统原理与应用(张玲)	28.00	数字电路与逻辑设计(第二版)(蔡良伟)	22.00
Linux 网络操作系统应用教程(高职) (王和平)	25.00	电子线路CAD技术(高职)(宋双杰)	32.00
微机接口技术及其应用(李育贤)	19.00	高频电子线路(第三版)(高职)	22.00
单片机原理与应用实例教程(高职)(李珍)	15.00	高频电子线路(王康年)	28.00
单片机原理与程序设计实验教程(于殿泓)	18.00	高频电子技术(高职)(钟苏)	21.00
单片机应用与实践教程(高职)(姜源)	21.00	微电子制造工艺技术(高职)(肖国玲)	18.00
计算机组装与维护(高职)(王坤)	20.00	电路与电子技术(高职)(季顺宁)	44.00
微型机组装与维护实训教程(高职)(杨文诚)	22.00	电工基础(中职)(薛鉴章)	18.00
微机装配调试与维护教程(王忠民)	25.00	电子与电工技术(高职)(罗力渊)	32.00
微控制器开发与应用(高职)(董少明)	25.00	电工电子技术基础(江蜀华)	29.00
高级程序设计技术(C语言版)(耿国华)	21.00	电工与电子技术(高职)(方彦)	24.00
C#程序设计及基于工作过程的项目开发(高职)	17.00	电工基础——电工原理与技能训练(高职)(黎炜)	23.00
Visual Basic程序设计案例教程(高职)(尹毅峰)	21.00	维修电工实训(初、中级)(高职)(苏家健)	25.00

现代控制理论基础(舒欣梅)	14.00	汽车典型电控系统结构与维修(李美娟)	31.00
过程控制系统及工程(杨为民)	25.00	汽车单片机与车载网络技术(于万海)	20.00
控制系统仿真(党宏社)	21.00	汽车故障诊断技术(高职)(王秀贞)	19.00
模糊控制技术(席爱民)	24.00	汽车使用性能与检测技术(高职)(郭彬)	22.00
运动控制系统(高职)(尚丽)	26.00	汽车电工电子技术(高职)(黄建华)	22.00
工程力学(项目式教学)(高职)	21.00	汽车电气设备与维修(高职)(李春明)	25.00
工程材料及应用(汪传生)	31.00	汽车空调(高职)(李祥峰)	16.00
工程实践训练基础(周桂莲)	18.00	现代汽车典型电控系统结构原理与故障诊断	25.00
工程制图(含习题集)(高职)(白福民)	33.00	~~~~~~~~~其 他 类~~~~~~~~~	
工程制图(含习题集)(周明贵)	36.00	移动地理信息系统开发技术(李斌兵)(研究生)	35.00
现代工程制图(含习题集)(朱效波)	48.00	地理信息系统及3S空间信息技术(韦娟)	18.00
现代设计方法(曹岩)	20.00	管理学(刘颖民)	29.00
液压与气压传动(刘军营)	34.00	西方哲学的智慧(常新)	39.00
液压与气压传动案例教程(高职)(梁洪洁)	20.00	实用英语口语教程(含光盘)(吕允康)	22.00
先进制造技术(高职)(孙燕华)	16.00	高等数学(高职)(徐文智)	23.00
机电一体化控制技术与系统(计时鸣)	33.00	电子信息类专业英语(高职)(汤滟)	20.00
机械原理(朱龙英)	27.00	高等教育学新探(杜希民)(研究生)	36.00
机械设计(王宁侠)	36.00	国际贸易实务(谭大林)(高职)	24.00
机械CAD/CAM(葛友华)	20.00	国际贸易理论与实务(鲁丹萍)(高职)	27.00
画法几何与机械制图(叶琳)	35.00	电子商务与物流(燕春蓉)	21.00
机械制图与CAD(含习题集)(杜淑幸)	59.00	市场营销与市场调查技术(康晓玲)	25.00
机械设备制造技术(高职)(柳青松)	33.00	技术创业:企业组织设计与团队建设(邓俊荣)	24.00
机械制造技术实训教程(高职)(黄雨田)	23.00	技术创业:创业者与创业战略(马鸣萧)	20.00
机械制造基础(周桂莲)	21.00	技术创业:技术项目评价与选择(杜跃平)	20.00
特种加工(高职)(杨武成)	20.00	技术创业:商务谈判与推销技术(王林雪)	25.00
数控加工进阶教程(张立新)	30.00	技术创业:知识产权理论与实务(王品华)	28.00
数控加工工艺学(任同)	29.00	技术创业:新创企业融资与理财(张蔚虹)	25.00
数控机床电气控制(高职)(姚勇刚)	21.00	计算方法及其MATLAB实现(杨志明)(高职)	28.00
机床电器与PLC(高职)(李伟)	14.00	网络金融与应用(高职)	20.00
电机与电气控制(高职)(冉文)	23.00	网络营销(王少华)	21.00
电机安装维护与故障处理(高职)(张桂金)	18.00	网络营销理论与实务(高职)(宋沛军)	33.00
供配电技术(高职)(杨洋)	25.00	企划设计与企划书写作(高职)(李红薇)	23.00
模具制造技术(高职)(刘航)	24.00	现代公关礼仪(高职)(王剑)	30.00
塑料成型模具设计(高职)(单小根)	37.00	布艺折叠花(中职)(赵彤凤)	25.00

欢迎来函来电索取本社书目和教材介绍! 通信地址:西安市太白南路2号 西安电子科技大学出版社发行部
邮政编码:710071 邮购业务电话:(029)88201467 传真电话:(029)88213675。